高等学校"十二五"规划教材
建筑工程管理入门与速成系列

建筑工程消防速成

石敬炜　郭树林　佟　芳　主编

哈尔滨工业大学出版社

内 容 提 要

本书根据《建筑设计防火规范》（GB 50016—2006）等最新国家规范、标准为依据编写，全书共分 10 部分，主要内容包括：火灾的基础知识，建筑工程消防基础知识、建筑材料与耐火等级、建筑防火与安全疏散、室外消防给水系统、建筑室内消火栓给水系统、自动喷水灭火系统、气体灭火系统、火灾自动报警系统、消防联动控制系统。

本书内容由浅入深，通俗易懂，可供建筑消防工程人员使用，也可供高等院校消防工程专业的师生作为参考教材使用。

图书在版编目（CIP）数据

建筑工程消防速成/石敬炜主编. —哈尔滨：哈

尔滨工业大学出版社,2013.12

ISBN 978 - 7 - 5603 - 4463 - 8

Ⅰ.① 建…　Ⅱ.①石…　Ⅲ.①建筑工程-消防-高等

学校-教材　Ⅳ.①TU892

中国版本图书馆 CIP 数据核字（2013）第 291537 号

策划编辑	郝庆多　段余男
责任编辑	王桂芝　段余男
封面设计	刘长友
出版发行	哈尔滨工业大学出版社
社　　址	哈尔滨市南岗区复华四道街 10 号　邮编 150006
传　　真	0451 - 86414749
网　　址	http://hitpress.hit.edu.cn
印　　刷	黑龙江省委党校印刷厂
开　　本	787mm×1092mm　1/16　印张 12.5　字数 320 千字
版　　次	2013 年 12 月第 1 版　2013 年 12 月第 1 次印刷
书　　号	ISBN 978 - 7 - 5603 - 4463 - 8
定　　价	31.00 元

编　委　会

主　编　石敬炜　郭树林　佟　芳
参　编　高作龙　关大巍　李　苗　王　强
　　　　王　野　许　峰　严晓光　张　亮
　　　　王长川　王红微

前　言

随着经济社会的进步发展,现代化城市人口高度集中,高层、超高层和地下建筑大量开发建设,给建筑消防和城市防灾减灾提出了更高的要求。因此,需要更多的建筑消防工程专业人员对建筑施工现场进行有效管理,尽量减少建筑消防火险隐患,降低火灾造成的经济损失,保障广大人民群众的财产和生命安全。建筑火灾防护采取"消防结合"方式,"防"为"消"提供条件,"消"为"防"提供补充,二者相辅相成,减少火灾的发生。

全书共分10部分,在编写中结合最新的政策、法规、标准、规范及实践经验,主要讲解了火灾的基础知识、建筑工程消防基础知识、建筑材料与耐火等级、建筑防火与安全疏散、消防联动控制系统及常用的消防灭火系统等内容,具有很强的针对性和适用性。书中内容理论与实践相结合,更注重实际经验的运用;结构体系上重点突出、详略得当,还注意了知识的融贯性,突出了整合性的编写原则。本书可供建筑消防工程人员使用,也可供高等院校消防工程专业的师生作为参考教材。

由于编者水平有限,虽经反复推敲核实,仍难免存在许多不足之处,恳请广大读者批评指正,提出宝贵意见。

编　者

2013 年 11 月

目　录

1 火灾的基础知识

1.1 火灾概述

1.1.1 火灾的概念和性质

1. 火灾概念

火灾是火在时间和空间上失去控制而蔓延的一种灾害性燃烧现象。火灾发生的三个必要条件是可燃物、热源和氧化剂(通常情况下为空气)。各种灾害中火灾是发生最频繁且极具毁灭性的灾害之一,其直接损失大约是地震的五倍,仅次于干旱和洪涝。

2. 火灾性质

(1)火灾的发生既有确定性又有随机性。

火灾作为一种燃烧现象,其规律具有确定性,并且又具有随机性。可燃物着火引起火灾,必须具备一定的条件,遵循一定的规律。条件满足时,火灾必然会发生;条件不满足,物质无论如何不会燃烧。但在某个地区、某段时间内,什么地方、什么单位、什么时间发生火灾,往往是很难预测的,即对于一场具体的火灾来说,其发生又具有随机性。由于火灾发生原因极其复杂,导致火灾的随机性,因此必须时时警惕火灾的发生。

(2)火灾的发生是自然因素和社会因素共同作用的结果。

火灾的发生首先与建筑科技、消防设施、可燃物燃烧特性,以及火源、风速、天气、地形、地物等物理化学因素有关。但是火灾的发生绝不是纯粹的自然现象,它与人们的日常生活习惯、操作技能、文化修养、教育程度、法律知识,以及规章制度、文化经济等社会因素有关。因此,消防工作是一项复杂的、涉及多个方面的系统工程。

1.1.2 火灾的分类

1. 按燃烧对象分类

(1)固体可燃物火灾。

普通固体物质可燃物燃烧引起的火灾,又称为 A 类火灾。固体物质是火灾中最常见的燃烧对象,主要包括木材、纸张、纸板、家具、棉花、服装、布料、床上用品、粮食、合成橡胶、合成纤维、合成塑料、电工产品、化工原料、建筑材料、装饰材料等,种类极为繁杂。

固体可燃物的燃烧方式分为四种类型:熔融蒸发式燃烧、升华燃烧、热分解式燃烧和表面燃烧。大多数固体可燃物是热分解式燃烧。因为固体可燃物用途广泛、种类繁多、性质差异较大,导致固体物质火灾危险性差别较大,所以评定时要从多方面进行综合考虑。

(2)液体可燃物火灾。

油脂及一切可燃液体引起的火灾,又称为 B 类火灾。油脂包括原油、汽油、柴油、煤油、重油、动植物油;可燃液体主要包括酒精、苯、乙醚、丙酮等各种有机溶剂。

液体燃烧是液体可燃物预先受热蒸发变成可燃蒸汽,其后是可燃蒸汽扩散,并与空气掺混形成预混可燃气,着火燃烧后在空间形成预混火焰或扩散火焰。轻质液体的蒸发属相变过程,重质液体的蒸发时还伴随有热分解过程。闪点是评定可燃液体的火灾危险性的物理量。闪点≤28 ℃的可燃液体属甲类火险物质,例如汽油;28 ℃≤闪点<60 ℃的可燃液体属乙类火险物质,例如煤油;闪点≥60 ℃的可燃液体属丙类火险物质,例如柴油、植物油。

(3)气体可燃物火灾。

可燃气体引起的火灾,又称为 C 类火灾。可燃气体的燃烧方式分为预混燃烧和扩散燃烧。可燃气与空气预先混合好的燃烧称为预混燃烧,可燃气与空气边混合边燃烧称为扩散燃烧。失去控制的预混燃烧会产生爆炸,这是气体可燃物火灾中最危险的燃烧方式。用爆炸下限进行可燃气体的火灾危险性评定。爆炸下限小于10%的可燃气为甲类火险物质,例如氢气、甲烷、乙炔等;爆炸下限大于或等于10%的可燃气为乙类火险物质,例如氨气、一氧化碳、某些城市的煤气等。一般而言,绝大部分可燃气属于甲类火险物质,极少数才属于乙类火险物质。

(4)可燃金属火灾。

可燃金属燃烧引起的火灾,又称为 D 类火灾。例如锂、钠、钾、钙、镁、铝、锶、锆、锌、钚、钍和铀,因为它们处于薄片状、颗粒状或熔融状态时很容易着火,称它们为可燃金属。之所以将可燃金属引起的火灾从 A 类火灾中分离出来,单独作为 D 类火灾,是因为这些金属在燃烧时,燃烧热很大,通常为普通燃料的 5~20 倍,火焰温度较高,有的甚至达到 3 000 ℃以上;并且在高温下金属性质活泼,能与水、二氧化碳、氮、卤素及含卤化合物发生化学反应,使常用的灭火剂失去作用,必须采用特殊的灭火剂灭火。

2. 按火灾损失严重程度分类

根据火灾损失严重程度,可将火灾分为特别重大火灾、重大火灾、较大火灾和一般火灾四种,划分标准见表 1.1。

表 1.1　火灾等级划分标准

火灾等级	死亡人数/人	重伤人数/人	直接财产损失金额/万元
特别重大火灾	≥30	人≥100	≥10 000
重大火灾	10~30	50~100	5 000~10 000
较大火灾	3~10	10~50	1 000~5 000
一般火灾	≤3	≤10	≤1 000

3. 按照火灾发生地点分类

(1)地上火灾。

地上火灾指发生在地表面上的火灾。地上火灾包括地上建筑火灾和森林火灾。地上建筑火灾又分为民用建筑火灾、工业建筑火灾。

1)民用建筑火灾包括发生在城市和村镇的一般民用建筑和高层民用建筑内的火灾,以及发生在百货商场、饭店、宾馆、影剧院、机场、车站、码头等公用建筑内的火灾。

2)工业建筑火灾包括发生在一般工业建筑和特种工业建筑内的火灾。所谓特种工业建筑是指油田、油库、化学品工厂、粮库、易燃和爆炸物品厂及仓库等火灾危险及危害性较大的场所。

3）森林火灾是指森林大火导致的危害。森林火灾不仅导致林木资源的损失，而且对生态和环境构成不同程度的破坏。

（2）地下火灾。

地下火灾是指发生在地表面以下的火灾。地下火灾主要包括在矿井、地下商场、地下油库、地下停车场和地下铁道等地点发生的火灾。这些地点属于典型的受限空间，空间结构复杂，受定向风流的作用使火灾及烟气的蔓延速度相对较快，再加上逃生通道上逃生人员和救灾人员的逆流行进，救灾工作难度较大。

（3）水上火灾。

水上火灾指发生在水面上的火灾。主要包括发生于江、河、湖、海上航行的客轮、货轮和油轮上的火灾。也包括海上石油平台，以及油面火灾等。

（4）空间火灾。

空间火灾指发生在飞机、航天飞机和空间站等航空及航天器中的火灾。尤其是发生在航天飞机和空间站中的火灾，因为远离地球，重力作用相对较小，甚至完全失重，属于微重力条件下的火灾。其火灾的发生与蔓延相较地上建筑、地下建筑及水上火灾来说，具有明显的特殊性。

此外，按照起火原因火灾又可分为违反电气燃气等安装规定、抽烟、玩火、用火不慎、自然原因等引发的火灾，而且随着社会和经济的发展，这些火灾的发生越来越普遍，也引起人们越来越多的关注。

1.1.3 火灾发生条件和形成原因

1. 火灾发生条件

燃烧是一种发光放热的化学反应。燃烧过程中的化学反应十分复杂，既有化合反应，又有分解反应。有的复杂物质燃烧，首先是物质受热分解，之后发生氧化反应。

任何物质发生燃烧，都有一个由未燃状态转向燃烧状态的过程。这一过程的发生必须具备三个条件，即可燃物、助燃物（氧化剂）和着火源。

（1）可燃物。

能与空气中的氧或其他氧化剂发生化学反应的物质称为可燃物。可燃物依照其物理状态分为气体、液体和固体三类。

1）凡是在空气中能燃烧的气体都称为可燃气体。可燃气体在空气中燃烧，同样要求与空气的混合比在一定范围（燃烧或爆炸范围），并需要一定的温度（着火温度）引发反应。

2）液体可燃物大多数是有机化合物，其分子中均含有碳、氢原子，有些还含有氧原子。液体可燃物中有不少是石油化工产品。

3）凡遇明火、热源能在空气中燃烧的固体物质称为可燃固体，如木材、纸张、谷物等。在固体物质中，有一些燃点较低、燃烧剧烈的固体物质称为易燃固体。

（2）助燃物（氧化剂）。

可帮助支持可燃物燃烧的物质，即能与可燃物发生反应的物质称为助燃物（氧化剂）。火灾发生时，空气中包含的氧气是最常见的一种助燃剂。在热源能够满足持续燃烧要求的前提下，氧化剂的量和供应方式是影响和控制火灾发展事态的决定性因素。

（3）着火源。

着火源是指供可燃物与氧或助燃物发生燃烧反应的能量。常见的是热能,其他还有化学能、电能、机械能和核能等转变成的热能。依照着火的能量来源不同,可把着火源分为明火、高温物体、化学热能、电热能、机械热能、生物能、光能、核能等。

2. 火灾形成原因

在建筑物内,特别是高层建筑物内,虽然都采用了不燃的混合结构,即砖与钢筋混凝土结构,但其中的家具、生活用品等大多都是可燃的,况且由于建筑物构造复杂、设备繁多、人员过于集中等原因,使不燃结构的建筑形成火灾的因素很多,可能性很大。

（1）人为造成火灾（包括蓄意纵火）。

人为造成的火灾在建筑物内特别是高层建筑物内是最常见的。人们在工作中的疏忽,常常是造成火灾的直接原因。例如,焊接工人无视操作规范,不遵守安全工作制度,动用气焊或电焊工具进行野蛮操作,导致火灾;电气工人带电维修电气设备,工作中不慎便可能产生电火花,也可造成火灾;更有甚者,电气工作人员缺乏安全用电知识,在建筑物内乱接电源,滥用电炉等电加热器,造成火灾;因随手乱扔烟头、火柴梗等造成的火灾更是十分常见。

人为纵火是火灾形成的最直接、最不能忽视的主要原因。

（2）电气事故造成火灾。

现代高层建筑中,用电设备繁多,用电量大,电气管线纵横交错,不但维修工作量大,而且也相应增加了火灾隐患。例如,电气设备的安装不良,长期"带病"或过载工作,破坏了电气设备的电气绝缘,导致电气线路的短路会引发火灾;电气设备防雷接地措施不符合规定要求,接地装置年久失修等也能引发火灾。

电气事故造成的火灾,其原因比较隐蔽,一般非专业人员不易察觉,因此在安装布置电气设备时,必须做到不留隐患,严格按照安装规范执行,并做到定期检查与维修。

（3）可燃气体发生爆炸造成火灾。

在建筑物内使用的煤气、液化石油气和其他可燃气体,因某种原因或人为的事故而导致可燃气体泄漏,与空气混合后形成混合气体,当其浓度达到一定值时,遇到明火就会发生爆炸,形成火灾。

可燃气体,例如,甲烷（CH_4）、乙烷（C_2H_6）、丙烷（C_3H_8）、丙烯（C_3H_6）、乙烯（C_2H_4）、硫化氢（H_2S）、煤油、汽油、苯（C_6H_6）及甲苯等都是火灾事故的载体。

（4）可燃固体燃烧造成火灾。

众所周知,当可燃固体如纸张、棉花、粘胶纤维及涤纶纤维等被火源加热,温度达到其燃点时,遇到明火就会燃烧,形成火灾。一些物质具有自燃现象,如煤炭、木材、粮食等,当其受热温度达到或超过一定值时,就会分解出可燃气体,同时释放少量热能。当温度再升高到某一极限值并产生急剧增加的热能,此时即使隔绝外界热源,可燃物质也能凭借自身放出的能量来继续提高其本身温度,并使其达到自燃点,从而形成自燃现象,若不被及时发现,必定造成火灾。

此外,对一些类似硝化棉、黄磷等的易燃易爆化学物品,若存放保管不当,即使在常温下也可以分解、氧化而引发自燃或爆炸,形成火灾。金属钾、钠、氢化钠、电石及五硫化磷等固体也很容易自燃引起火灾。

（5）可燃液体燃烧造成火灾。

在建筑物内如存在可燃液体时,低温下当其蒸汽与空气混合达到一定浓度时,遇到明火就会出现"一闪即灭"的蓝光,称为闪燃。出现闪燃的最低温度叫做闪点。所以闪点是燃烧或爆炸的前兆。由此可见,若可燃液体保管不当,导致液体蒸汽的大量泄漏,使得与空气的混合浓度达到极限浓度时,便可能引发火灾。因此,可燃液体的贮存和保管十分重要,一旦出现差错,火灾的发生将是不可避免的。

1.1.4　火灾事故特点

(1)严重性。

火灾易造成重大的伤亡事故和经济损失,使国家财产蒙受巨大损失,严重影响生产生活的顺利进行,甚至迫使工矿企业停产,火灾发生后通常需较长时间才能恢复,有时火灾与爆炸同时发生,损失更为惨重。

(2)复杂性。

发生火灾的原因很多,往往比较复杂,主要表现在着火源众多、可燃物广泛、灾后事故调查和鉴定环境破坏严重等。此外,因为建筑结构的复杂性和多种可燃物的混杂也给灭火和调查分析带来很多困难。

(3)突发性。

火灾事故往往是在人们意想不到的时候突然发生,虽然预先存在有事故的征兆,但一方面是因为目前对火灾事故的监测、报警等手段的可靠性、实用性和广泛应用尚不十分理想;另一方面则是因为至今还有非常多的人员对火灾事故的规律及其征兆了解甚微,耽误救援时间,导致对火灾的认识、处理、救援造成很大困难。

1.2　火灾烟气的产生、危害和控制

1.2.1　火灾烟气的产生

火灾烟气是燃烧过程所产生的物质,是一种混合物,主要包括:

(1)可燃物热解或燃烧产生的气相产物,如未燃气体、一氧化碳、二氧化碳、水蒸气、多种低分子的碳氢化合物及少量的氯化物、硫化物、氰化物等。

(2)由于卷吸而进入的空气。

(3)多种微小的固体颗粒及液滴。

可燃物的组成和化学性质及其燃烧条件对烟气的产生均具有重要的影响。少数纯燃料(如一氧化碳、甲醛、乙醚、甲醇、甲酸等)燃烧的火焰不发光,且基本上不产生烟。而在相同的情况下,大分子燃料燃烧时的发烟量一般比较显著。在自由燃烧情况下,固体可燃物(如木材)和经过部分氧化的燃料(如乙醇、丙酮等)的发烟量要比生成这些物质的碳氢化合物(如聚乙烯和聚苯乙烯)的发烟量少得多。

建筑物中大量建筑材料、家具、衣服、纸张等可燃物,在火灾时会受热分解,然后与空气中的氧气发生氧化反应,燃烧并产生各种物质。完全燃烧所产生的烟气的成分,主要是二氧化碳、水、二氧化氮、五氧化二磷或卤化氢等,而有毒有害物质的含量相对较少。但是,无毒气体同样可能会降低空气中的氧浓度,妨碍人们的呼吸,导致人员逃生能力的下降,也可能直接造成人体缺氧致死。

　　根据火灾的产生过程及燃烧特点,除了处于通风控制下的充分发展阶段,以及可燃物几近消耗殆尽的减弱阶段,火灾初期阶段往往处于燃料控制的不完全燃烧阶段。不完全燃烧所产生的烟气的成分之中,除了上述生成物以外,还可以产生一氧化碳、烃类、有机磷、多环芳香烃、焦油及炭屑等固体颗粒。固体颗粒生成的模式及颗粒的性质由于可燃物的性质不同存在很大的差异。多环芳香烃碳氢化合物与聚乙烯可看作是火焰中碳烟颗粒的前身,并使得扩散火焰发出黄光。这些小颗粒的直径约为 $10 \sim 100 \ \mu m$,在温度和氧浓度足够高的条件下,这些碳烟颗粒可在火焰中进一步氧化,否则,它们就直接以碳烟的形式离开火焰区。火灾初期阶段有焰燃烧产生的烟气颗粒则几乎全部由固体颗粒所组成。其中一小部分颗粒是在高热通量作用下脱离固体的灰分,而大部分颗粒则是在氧浓度较低的情况下,因为不完全燃烧及高温分解而在气相中形成的碳颗粒。这两种类型的烟气均是可燃的,一旦被点燃,在通风不畅的受限空间内甚至会引起爆炸。

　　油污的产生与碳素材料的阴燃有关。碳素材料阴燃生成的烟气与该材料加热到热分解温度所产生的挥发分产物相似。这种产物与冷空气混合时可浓缩成较重的高分子组分,形成含有碳粒及高沸点液体的薄雾。在静止空气条件下,颗粒的中间直径 D_{50}(反映颗粒的大小的参数)约为 $1 \ \mu m$,并可缓慢沉积在物体的表面,形成油污。

　　各种建筑材料在不同的温度条件下,其单位质量所产生的烟量是不同的,几种建筑材料在不同温度条件下燃烧,当达到相同的减光程度时的发烟量见表1.2,其中 K_c 为烟气的减光系数。

表 1.2　几种建筑材料在不同温度下的发烟量($K_c = 0.5 \ m^{-1}$)

材料名称	发烟量/($m^3 \cdot g^{-1}$)		
	300 ℃	400 ℃	500 ℃
松	4.0	1.8	0.4
杉木	3.6	2.1	0.4
普通胶合板	4.0	1.0	0.4
难燃胶合板	3.4	2.0	0.6
硬质纤维板	1.4	2.1	0.6
锯木屑板	2.8	2.0	0.4
玻璃纤维增强塑板		6.2	4.1
聚氯乙烯		4.0	10.4
聚苯乙烯		12.6	10.0
聚氨酯		14.0	4.0

　　随着我国经济水平不断提高,高层民用建筑特别是高层公共建筑(如饭店、宾馆、写字楼、综合楼等)大量出现,高分子材料大量被应用于家具、建筑装修、管道及其保温、电缆绝缘等方面。一旦火灾发生,建筑物内着火区域的空气中将会充满大量有毒的浓烟,毒性气体可直接给人体造成伤害,甚至导致死亡,其危害远远超于一般的可燃材料。以我国新建高层宾馆标准客房(双人间)为例,平均火灾荷载约为 $30 \sim 40 \ kg/m^2$。一般木材在 300 ℃ 时,其发烟量约为 $3\ 000 \sim 4\ 000 \ m^3/kg$,如典型客房面积按 $18 \ m^2$ 进行计算,室内火灾温度达到 300 ℃时,一个客房内的发烟量为 $35 \ kg/m^2 \times 18 \ m^2 \times 3\ 500 \ m^3/kg = 2\ 205\ 000 \ m^3$。若发烟量不损

失,则一个标准客房火灾产生的烟气就可以充满24座那样的高层建筑。

1.2.2 火灾烟气的危害

1. 烟气的毒性

首先,火灾中由于燃烧而消耗了大量的氧气,导致烟气中的含氧量降低。缺氧是气体毒性的特殊情况。研究数据表明,如果仅仅考虑缺氧而不考虑其他气体影响,当空气中含氧量降至10%时就可对人构成威胁。然而,在火灾中仅仅因含氧量降低造成危害是不大可能出现的,其危害往往伴随着CO、CO_2以及其他有毒成分(如HCN、NO_x、SO_2、H_2S等)的生成,高分子材料燃烧时还会生成HCl、HF、丙烯醛、异氰酸酯等有害物质。不同的材料燃烧时产生的有害气体成分与浓度是不相同的,所以其烟气的毒性也不相同。评价材料烟气毒性大小的方法有:化学分析法、动物试验法与生理研究法。

此外,高温火灾烟气对人体呼吸系统及皮肤都将造成很严重的不良影响。研究表明,当人体吸入大量热烟气时,会使血压急剧下降,毛细血管遭到破坏,从而导致血液循环系统破坏。另一方面,在高温作用之下,人会心跳加速,大量出汗,并因脱水而导致死亡。大量的研究数据表明,烟气温度达到65 ℃时,人体可短时间忍受;人在温度达到120 ℃的烟气中,15 min就可造成不可恢复的伤害;当在170 ℃的烟气中,1 min就可对人体造成不可恢复的伤害。而在几百度的高温烟气中,人是一分钟也无法忍受的。

衣服的透气性与隔热程度对温度升高的忍受极限也有着重要影响。对于在特殊的可控高温环境下长时间的暴露尚有试验数据参考。然而,短时间的暴露于建筑火灾等异常高温环境下却没有相应的资料和数据。目前,在火灾危险性评估中推荐数据为:短时间脸部暴露的安全温度极限范围为65～100 ℃。

通过化学分析法可以知道燃烧产物中的气体成分和浓度,研究温度对燃烧产物的生成及含量的影响。常用的分析方法见表1.3。

表1.3　烟气气体成分分析方法

方法	气体种类	取样方法	备注
气相色谱	CO、CO_2、O_2、N_2、烃类	间断取样	使用5A($1A = 10^{-1}$ nm)分子筛和GDX104柱
红外光谱(不分光型)	CO、CO_2	连续取样	专用仪器
傅里叶红外气体分析仪(FT－IR)	CO、CO_2、HCN、NO_x、SO_2、H_2S、HCl、HF、NH_3、CH_4等10多种气体	连续取样	一次分析最短时间为1 s
比色法	HCN 丙烯醛	间断取样,水溶液吸收	限于低浓度
离子选择性电极法	卤素离子	间断取样,水溶液吸收	
电化学法	CO	连续	响应较慢
气体分析管	CO、CO_2、HCN、NO_x、H_2S、HCl	间断取样	半定量

虽然化学分析法可分析出气态燃烧产物的种类和含量,但却不能解释毒性的生理作用,所以还需进行动物试验和生理研究。

动物试验法就是观察动物对燃烧产物的综合反应来评价烟气的毒性。动物试验法可分为简单观察法和机械轮法等。美国国家航空航天局(NASA)研制了水平管式加热炉试验法,加热炉加热速度为 40 K/min,最高温度可达 780 ~ 1 100 K。在暴露室中放实验小鼠,暴露 30 min,测定小鼠停止活动时间及小鼠死亡时间。从这些实验数据可判断不同材料燃烧烟气的相对毒性,见表 1.4。

表 1.4　材料燃烧烟气的相对毒性(水平管式加热炉试验法)

材料	死亡时间/min	停止活动时间/min	材料	死亡时间/min	停止活动时间/min
变形聚丙烯腈纤维	4.54 ± 1.00	3.74 ± 0.23	棉	15.10 ± 3.03	9.18 ± 3.61
羊毛	7.64 ± 2.90	5.45 ± 1.77	PMMA	15.58 ± 0.23	12.1 ± 0.06
丝	8.94 ± 0.01	5.84 ± 0.12	尼龙 – 66	16.34 ± 0.85	14.01 ± 0.13
皮革	10.22 ± 1.72	8.16 ± 0.69	PVC	16.84 ± 0.93	12.69 ± 2.84
红栎木	11.50 ± 0.71	9.09 ± 10.0	酚醛树脂	18.81 ± 4.84	12.92 ± 3.22
聚丙烯	12.98 ± 0.52	10.75 ± 0.18	聚乙烯	19.84 ± 0.29	8.86 ± 0.80
聚氨酯(硬泡沫)	15.05 ± 0.60	11.23 ± 0.50	聚苯乙烯	26.13 ± 0.12	19.04 ± 0.39
ABS	14.48 ± 1.59	10.58 ± 1.32			

生理试验法就是解剖在火灾中中毒死亡者尸体,了解死亡的直接原因,如血液中毒性气体的浓度、气管中的烟尘,以及烧伤情况等。研究情况表明,在中毒死者血液中,CO 和 HCN 是主要的毒性气体。在气管和肺组织中也均检测出了重金属成分,如铅、锑等,以及吸入肺部的刺激物,如醛、HCl 等。

2. 火灾烟气中能见度降低的危害

能见度指的是人们在一定环境下刚刚看到某个物体的最远距离,一般使用米(m)为单位。火灾中能见度主要由烟气的浓度决定,同时还会受到烟气的颜色、物体的亮度、背景的亮度及观察者对光线的敏感程度等因素的影响。当发生火灾时,烟气弥漫,可见光由于烟气的减光作用,人们在有烟区域内的能见度必然有所下降,对火区人员的安全疏散造成严重影响。能见度 V(单位为 m)与减光系数 K_c(单位为 m^{-1})的关系可以表示为

$$VK_c = R$$

其中 R 为比例系数,依据实验数据确定,它反映了特定情况下各种因素对能见度的综合影响。大量火灾案例以及实验结果表明,即便设置了事故照明及疏散标志,火灾烟气仍然会造成人们辨认目标和疏散能力的大大下降。金曾对自发光及反光标志的能见度进行了测试,他建议安全疏散标志最好采用自发光方式。巴切尔与帕乃尔也指出,自发光标志的可见度约比表面反光标志的可见度大 2.5 倍。图 1.1 给出了自发光物体能见度的一些实验结果数据。一般的,对于疏散通道上的反光标志、疏散门等,在有反射光存在的场合下,$R = 2 ~ 4$;对自发光型标志、指示灯等,$R = 5 ~ 10$。

然而,以上关于能见度的讨论并未考虑到烟气对眼睛的刺激作用。金提出在刺激性烟气中能见度的经验公式为

$$V = (0.133 - 1.471 gK) \times R/K_c \text{(仅适用于 } K_c \geq 0.25 \text{ m}^{-1}) \qquad (公式 1.1)$$

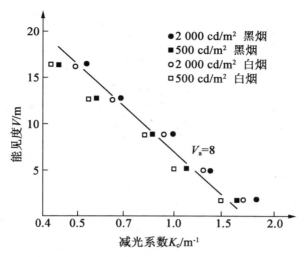

图 1.1　发光标志的能见度与减光系数的关系

安全疏散时所需的能见度和减光系数的关系见表 1.5。

保证安全疏散的最小能见距离为极限视程,极限视程因人们对建筑物的熟悉程度不同而不同。对建筑不熟悉者,其极限视程约为 30 m;而对建筑熟悉者,极限视程则约为 5 m。为了保证安全疏散,火场能见度(对反光物体而言)必须要达到 5 ~ 30 m,所以减光系数应不超过 0.1 ~ 0.6 m^{-1}。火灾发生时烟气的减光系数多为 25 ~ 30 m^{-1},所以,为了确保安全疏散,应将烟气稀释 50 ~ 300 倍。

表 1.5　安全疏散所需的能见度和减光系数

疏散人员对建筑物的熟悉程度	减光系数/m^{-1}	能见度/m
不熟悉	0.15	13
熟悉	0.5	4

即便是在无刺激性的烟气中,能见度的降低也可能直接导致人员步行速度的下降。日本的一项实验研究表明,即使是对建筑疏散路径相当熟悉的人,当烟气减光系数达到 0.5 m^{-1}时,其疏散也变得很困难。在刺激性的烟气之中,人员步行速度会陡然降低,图 1.2 所示为刺激性与非刺激性烟气中人沿走廊行走速度的部分试验结果。当减光系数为 0.4 m^{-1}时,通过刺激性烟气环境的表观速度仅是通过非刺激性烟气环境时的 70%。当减光系数大于 0.5 m^{-1}时,通过刺激性烟刺激性烟气环境的表观速度降至约 0.3 m/s,这相当于蒙上眼睛时的行走速度。行走速度下降是因为受试验者无法睁开眼睛,只能走"之"字形或者沿墙壁一步一步地挪动。

火灾中烟气对人员生命安全的影响不仅仅是生理上的,还有对人员心理方面的副作用。当人们受到浓烟的侵袭时,在能见度极低的条件下,极易产生恐惧与惊慌,是当减光系数在 0.1 m^{-1}时,人们便不能正确进行疏散决策,甚至会失去理智而采取不顾一切的异常举动。

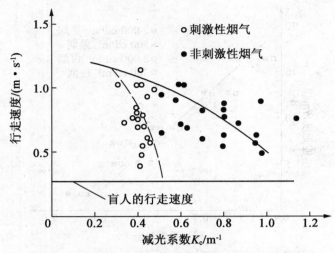

图 1.2　　在刺激性与非刺激性烟气中人沿走廊行走的速度

研究烟气减光性的另一应用背景是火灾探测。大量研究数据表明，K 与颗粒大小的分布有关。随着烟气存在期的增长，较小的颗粒会聚结成较大的集合颗粒，从而使单位体积内的颗粒数目减少，K 随着平均颗粒直径的增大而减少。离子型火灾探测器是依据单位体积内的颗粒数目来工作的，所以对生成期较短的烟气反应较好。它能对直径小于 10 nm 的颗粒产生反应。而利用散射或阴影原理的光学装置只能测定颗粒直径的量级与仪器所用光的波长相当的烟气，一般为 100 nm；而它们对小颗粒反应则不敏感。

1.2.3　火灾烟气的控制

为达到在火灾初期阶段最大限度降低人员生命及财产损失的目的，对火灾烟气的产生及运动进行控制是关键。一个设计良好、工作正常的防排烟系统，能将火场热量的 70% ~80% 排走，避免和减少火灾的蔓延，同时将烟气控制在一定区域内，确保疏散路线的畅通。控制烟雾有防烟及排烟两种方式，防烟是预防烟的进入，是被动的措施；而排烟则是积极改变烟气的流向，使之排出户外，是主动的措施，二者互为补充。

1. 防排烟系统的设置原则

（1）高层民用建筑防排烟系统设置原则。

《高层民用建筑设计防火规范》（2005 版）（GB 50045—1995）在防排烟技术方面作出了较为全面和详尽的规定。对于各类高度不同、功能不同的建筑，明确规定一类高层建筑和建筑高度超过 32 m 的二类高层建筑的下列部位应设置排烟设施：

1）长度超过 20 m 的内走道。

2）面积超过 100 m² 且经常有人停留或可燃物较多的房间。

3）高层建筑的中庭和经常有人停留或可燃物较多的地下室。

（2）一般民用建筑防排烟系统设置原则。

对于一般民用建筑防排烟系统的设置在《建筑设计防火规范》（GB 50016—2006）中作了规定：

1）歌舞厅、录像厅、夜总会、放映厅、卡拉 OK 厅（含具有功能的餐厅）、游艺厅（含电子游艺厅)、桑拿浴室(除洗浴部分外)、网吧等歌舞娱乐放映游艺场所,宜设置在一、二级耐火等级建筑内的首层、二层或三层的靠外墙部位,不应设置在行走道的两侧或尽端,当必须设置在建筑的其他楼层时,应设置防、排烟设施。

2)对于地下房间、无窗房间或有固定窗扇的地下房间,以及长度超过 20 m 且无自然排烟的疏散走道,或有直接自然通风,但长度超过 40 m 的疏散内走道,应设机械排烟设施。

3)地下商店应设置防烟排烟设施,并应按现行《人民防空工程设计防火规范》(2009 版)(GB 50098—1998)的规定执行。

(3)汽车库、修车库、停车场防排烟系统设置原则。

汽车库是一类特殊的建筑空间,《汽车库、修车库、停车场设计防火规范》(GB 50067—1997)明确规定:

1)面积大于 2 000 m² 的地下汽车库应设机械排烟,并且防烟分区面积不大于 2 000 m²,排烟风机风量不小于 6 次/h 换气次数。

2)当汽车库无直接通向室外的汽车疏散口时,该防火分区的机械排烟系统应设置进风系统,且送风量不小于排烟量的 50%。

2. 自然排烟

自然排烟方式就是利用火灾时所产生的热烟气流的浮力及建筑物外部空气流动产生的风压,通过建筑物的自然排烟竖井(排烟塔)或开口部分(包括阳台、门窗)向上或向室外排烟,如图 1.3、图 1.4 所示。

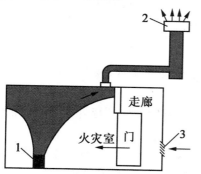 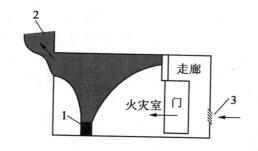

图 1.3　竖井自然排烟方式
1—火源;2—风帽;3—进风口

图 1.4　窗口自然排烟方式
1—火源;2—排烟口;3—进风口

《高层民用建筑设计防火规范》(2005 版)(GB 50045—1995)规定,除建筑高度超过 50 m 的一类公共建筑及建筑高度超过 100 m 的居住建筑之外,靠外墙的防烟楼梯间及其前室、消防电梯前室和合用前室,宜采用自然排烟方式,如图 1.5 所示。

自然排烟的优点是构造简单、经济、不需要专门的排烟设备以及动力设施;运行维修费用较低;同时排烟口也可兼作平时通风换气使用。对于顶棚高大的房间,若在顶棚上设置排烟口,自然排烟效果好。缺点是自然排烟效果会受到室外气温、风向、风速的影响,尤其是排烟口设置在上风向时,不仅排烟效果会大大降低,还有可能会出现烟气倒灌现象,并使烟气扩散蔓延到未着火的区域。

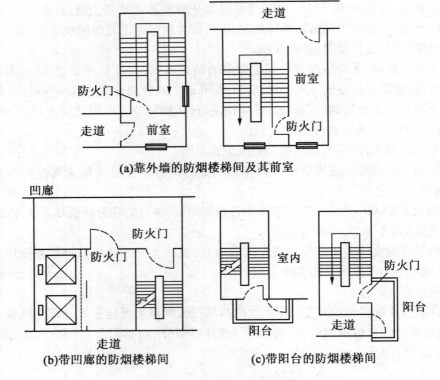

(a)靠外墙的防烟楼梯间及其前室

(b)带凹廊的防烟楼梯间　　　　**(c)带阳台的防烟楼梯间**

图 1.5　设置自然排烟的场所

自然排烟的设置应注意以下几个要点：

(1)在自然排烟设计时,应把排烟口设置在有利于排烟的位置,并对有效可开启的外窗面积进行校核计算。

(2)对于高层住宅以及二类高层建筑,应尽可能通过不同朝向开启外窗来排除前室的烟气。

(3)排烟口位置越高,排烟效果越好。因此,排烟口通常开设在墙壁的上部靠近顶棚处或顶棚上。当房间高度小于 3 m 时,排烟口的下缘应设在离顶棚面 80 cm 以内;当房间高度在 3~4 m 时,排烟口下缘应设在离地板面 2.1 m 以上部位;当房间的高度大于 4 m 时,排烟口下缘在房间总高度一半以上即可,如图 1.6 所示。

(4)对于中庭和建筑面积大于 500 m² 且两层以上的商场、公共娱乐场所,宜设置与火灾报警系统联动的自动排烟窗;若设置手动排烟窗,则应设有方便开启的装置。

(5)内走廊和房间的自然排烟口,与该防烟分区最远点之间的距离应在 30 m 内。

(6)自然排烟窗、排烟口、送风口应由非燃材料制成,宜设置手动或自动开启装置,手动开关应设在距地坪 0.8~1.5 m 的位置。

(7)为了减小风向对自然排烟的影响,若采用阳台、凹廊为防烟前室,则应尽量设置与建筑物色彩、体型相适应的挡风措施。

自然排烟开窗面积,应符合下列要求：

(1)靠外墙的防烟楼梯间,每五层内可开启外窗总面积之和不小于 2 m²;防烟楼梯间的前室,消防电梯前室可开启外窗面积不小于 2 m²;合用前室不应小于 3 m²。

(2)需要排烟的,可开启外窗面积不小于该房间面积的2%。

(3)长度不超过60 m、两端有可开启外窗的内走道,可开启外窗面积不应小于走道面积的2%。

(4)净空高度小于12 m的中庭,可开启的天窗或高侧窗的面积不应小于该中庭面积的5%。

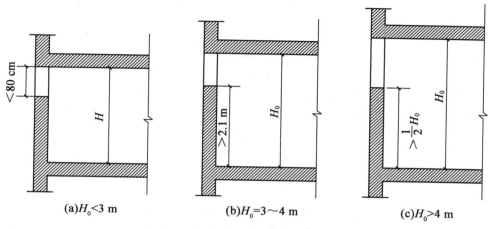

图1.6　不同高度房间的排烟口位置

3. 机械排烟

火灾时,高温烟气及受热膨胀的空气致使火灾区域压力要高于其他区域10～15 Pa,最高可达35～40 Pa,因此必须要有比烟气生成量大的排烟量,才有可能使着火区产生一定的负压,以达到对烟气蔓延的有效控制的目的。机械排烟方式是烟气控制的一项有效措施。

(1)机械排烟方式的设置场所及工作原理。

1)设置场所要求。机械排烟方式,适合于一类高层建筑及建筑高度超过32 m的二类高层建筑的下列部位:

①无直接自然通风,且长度超过20 m的内走道,或虽有直接自然通风,但长度却超过60 m的内走道。

②面积超过100 m²,且经常有人停留或可燃物较多的地上无窗房间或设置固定窗的房间。

③不具备自然排烟条件或净空高度超过12 m的中庭。

④除利用窗井等开窗进行自然排烟的房间外,各房间的总面积超过200 m²或一个房间面积超过50 m²,且经常有人停留或可燃物较多的地下室。

2)工作原理。机械排烟系统由挡烟垂壁、排烟口、防火排烟阀门、排烟风机以及烟气排出口组成。机械排烟系统也可兼作平时通风排风使用,如图1.7所示。

(2)机械排烟系统设计的一般要求。

建筑物烟气控制区域机械排烟风量的设计与计算应遵循以下几个基本原则。

1)排烟系统与通风、空气调节系统宜分开设置。当合用时,应满足下列条件:系统的风口、风道、风机等应符合排烟系统的要求;当火灾被确认之后,应能开启排烟区域的排烟口和排烟风机,并能在15 s内自动关闭与排烟无关的通风、空调系统。

2）走道的机械排烟系统宜竖向设置,如图 1.8 所示。房间的机械排烟系统宜按防烟分区设置。

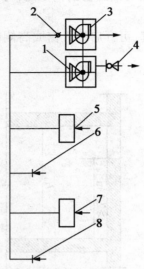

图 1.7 机械排烟和排风合用系统示意图
1—排风机;2—280 排烟防火阀及止回阀;3—排烟风机;
4—止回阀或电动风阀;5、7—排烟口;6、8—排风口

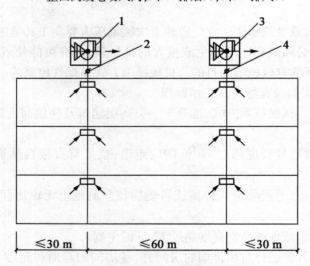

图 1.8 走道排烟系统的竖向布置
1、3—排烟风机;2、4—280 排烟防火阀

3）排烟风机的全压应按照排烟系统最不利管道进行计算,其排烟量应在计算的系统排烟量的基础上考虑一定的排烟风道漏风系数。金属风道的漏风系数取 1.1～1.2,而混凝土风道漏风系数则取 1.2～1.3。

4）人防工程机械排烟系统宜单独设置或者与工程排风系统合并设置。若合并设置,则必须采取在火灾发生时能自动将排风系统转换为排烟系统的措施。

5）车库的机械排烟系统可同人防、卫生等排气、通风系统合用。

（3）排烟区域的补风要求。

设置机械排烟的地下室，应同时设置送风系统，且送风量不宜小于排烟量的50%。

汽车库中没有直接通向室外的汽车疏散出口的防火分区，若设置机械排烟系统，应同时布置进风系统，且送风量不宜小于排烟量的50%。

人防工程，当补风通路的空气阻力不大于50 Pa时，可进行自然补风；当补风通路的空气阻力大于50 Pa时，应安装火灾时可转换成补风的机械送风系统或单独的机械补风系统，且补风量不应小于排烟风量的50%。

设有机械排烟的走道或面积小于500 m²的房间，可不设补风系统。

送风口的风速不宜大于7 m/s，而对于公共聚集场所不宜大于5 m/s。

机械排烟区域所需的补风系统应同排烟系统联动开启，宜将送风口位置设在同一空间内相邻的防烟分区且远离排烟口，且两者距离不应小于5 m。

（4）机械排烟量的确定。

车库排烟风机的排烟量按照换气次数计算，应该不小于每小时6次。

内走道、房间或防烟分区的排烟风量按照地面面积计算。当担负一个防烟分区排烟或净空高度大于6.00 m的不划分防烟分区的房间时，排烟量应不小于60 m³/(h·m²)，单台风机的最小排烟量不应小于7 200 m³/h。当担负两个或两个以上防烟分区排烟时，排烟量应按照最大防烟分区面积不小于120 m³/(h·m²)计算。在实际工程中可按照各类建筑的相关标准规范执行。

建筑物内部的中庭，其高度在12 m以上时，若体积不大于1 700 m³，则换气次数不小于6次/h；若体积大于1 700 m³，则换气次数不小于4次/h，或者不小于102 000 m³/h，且机械排烟系统最小风量不得小于2 m³/s。

对于排烟系统风管水力计算不需进行风量平衡，应当选其中风量最大、风管又较长的一支进行，然后对最远的支管进行校核。

（5）排烟管道系统设计。

排烟管道必须使用不燃材料来制作。若采用内表面光滑的混凝土等非金属材料管道时，管道内风速则不宜大于15 m/s；而若采用金属管道，则不宜大于20 m/s。

若吊顶内有可燃物，则吊顶内的排烟管道应采用不燃烧材料进行隔热，并应保持与可燃物之间不小于150 mm的距离。

应在排烟支管上设当烟气温度超过280 ℃时能自行关闭的排烟防火阀。

排烟井道应使用耐火极限不小于1 h的隔墙与相邻区域分隔；若必须在墙上设置检修门时，应采用丙级防火门；当水平排烟管道穿越防火墙时，应设排烟防火阀；若要穿越两个及两个以上防火分区或排烟管道在走道的吊顶内，其管道材料的耐火极限不应小于1 h；排烟管道不应穿越前室或楼梯间，如确有困难而必须穿越时，其材料耐火极限不应小于2 h。每层的水平风管不得跨越防火分区。排烟风机可采用离心风机或采用排烟轴流风机，并应在其机房入口处设有能够在烟气温度超过280 ℃时自动关闭的排烟防火阀。排烟风机应保证在280 ℃时连续工作30 min。

宜将排烟风机设在建筑物的顶部，烟气出口宜朝上，并应高于加压送风机的进风口，两者垂直距离不应小于3 m，水平距离不应小于10 m。当系统中任一排烟口或排烟阀开启时，排烟风机应能够自行启动。

4. 加压防烟

加压控制是通过通风机所产生的气体流动和压力差来控制烟气蔓延的防烟措施。也就是在建筑物发生火灾时,对着火区以外的走廊、楼梯间等疏散通道进行加压送风,使其空间保持一定的正压,以阻止烟气侵入。此时,着火区应处于负压,着火区开口部位必须要保持如图1.9所示的压力分布,即在开口部位不出现中和面,开口部位上缘内侧压力的最大值不能超过外侧加压疏散通道的压力。

着火区内外压差的大小一方面由阻止烟气逆流所需的空气流速及流量确定,同时也需考虑门的开启所需的力的大小等因素。当分隔设施上存在一个或几个大的开口,则无论对设计还是测量来说都适宜采用空气流速法确定加压控制设备;但对于门缝或裂缝等小缝隙,适宜使用压差法选择加压设备。但同时,需要分别对压差以及空气流速进行校核。

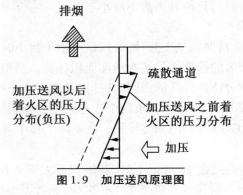

图 1.9　加压送风原理图

(1)加压送风的原则和方式。

加压送风系统设置的一般要求:

1)机械加压送风的防烟楼梯间与合用前室,宜独立分别设置送风系统,若必须共用一个系统,则应在通向合用前室的支风管上设置压差自动调节装置。

2)超过32层或建筑高度超过100 m的高层建筑,其送风系统及送风量应分段进行设计。

3)带裙房的高层建筑防烟楼梯间及其前室、消防电梯间前室或合用前室,当裙房以上部分通过可开启外窗进行自然排烟,裙房部分不具备自然排烟条件时,应在其前室或合用前室设置局部正压送风系统。

4)若系统的余压超过计算得到的系统最大压力差,应设置余压调节阀或采用变速风机等措施。

加压送风系统主要有以下几种方式:

①仅对防烟楼梯间加压送风(前室不加压)。

②对防烟楼梯间及前室分别进行加压。

③对防烟楼梯间及有消防电梯的合用前室分别进行加压。

④仅对消防电梯的前室进行加压。

⑤防烟楼梯间具有自然排烟条件,仅对前室及合用前室进行加压。

为了避免加压引起的膨胀,加压系统中应当设计一种可将烟气排到外界的通道。而这种通道可以是顶部通风的电梯竖井,也可由排气风机完成,图1.10所示为防烟楼梯间加压送风及走廊排烟的管道布置情况。

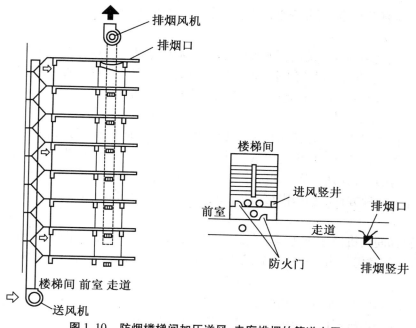

图 1.10 防烟楼梯间加压送风、走廊排烟的管道布置

现在加压送风系统普遍用于高层建筑的加压楼梯井以及分区烟气控制方面。

机械加压送风方式防烟设计通常包括以下内容:加压送风风量的确定;加压风机的风压确定;加压送风系统与消防中心联动控制选择;加压送风道断面尺寸及其送风口断面尺寸的确定。

(2)加压送风风压的计算。

机械加压送风机的全压,除计算最不利管道压头损失之外,还应有余压。其余压值应满足下列要求:防烟楼梯间、防烟电梯井应为 40~50 Pa;前室、合用前室、消防电梯间前室、封闭避难层(间)为 25~30 Pa。当在走道与前室同时设有机械加压送风或前室(合用前室)设有机械加压送风,而防烟楼梯间采用自然通风方式时,可不受此要求限制。

另外,人防工程防烟楼梯间送风余压值不应小于 50 Pa,前室或合用前室送风余压值不应小于 25 Pa。避难走道的前室送风余压值则不应小于 25 Pa。

由于机械加压送风系统产生了压差,所以打开门需要一定的力。在防烟设计中应当考虑到这一点,防止压差过大导致人们开门困难或根本打不开门,致使无法顺利疏散到避难区或安全出口。机械加压送风系统最大压力差应按照下式进行计算

$$\Delta p = \frac{2(F' - F_{dc})(W_1 - d)}{W_1 A_1} \qquad (公式 1.2)$$

式中　Δp——压力差,Pa;

　　　A_1——门的面积,m^2;

　　　d——门的把手到门的距离,m;

　　　W_1——门的宽度,m;

　　　F'——门的总开力,N。一个人开门所用的力,取决于此人的力量、拉手位置、地板与
　　　　　　鞋之间的摩擦、开门方式(推还是拉)等因素。美国国家消防规范中对生命安

全部分规定,打开安全逃生设施任意门的力不应超过 133 N。加压送风设计时一般取 110 N;

F_{dc}——门把手处克服关门器所需的力,N。通常克服关门器的力大于 13 N,有时甚至达到 90 N。对关门器力的估算应当慎重。在开门的初期,克服关门器所需的力较小;而把门打到全开的位置需要的力要大得多。

(3)加压送风量的计算。

1)前室或楼梯间的机械加压送风量。封闭楼梯间、防烟楼梯间以及前室的机械加压送风的风量应根据计算确定。加压送风量的计算方法很多,但其共同点就是为了保持加压区内一定的正压值,在开启着火层及充烟层疏散楼梯门时,能有一定流速的气流阻挡烟气侵入楼梯间。现介绍上海地方标准《民用建筑防排烟技术规程》(DGJ 08—88—2006)中所规定的计算方法。

前室或楼梯间的机械加压送风量包括三部分,保持加压部位一定的正压值所需的送风量、开启着火层疏散门时为保持门洞处风速所需的送风量以及送风阀门的总漏风量

$$L = L_1 + L_2 + L_3 \qquad\qquad (公式1.3)$$

式中　L——加压送风系统的总送风量,m³/s;

L_1——保持加压部位一定的正压值所需的送风量,m³/s;

L_2——开启着火层疏散门时为保持门洞处风速所需的送风量,m³/s;

L_3——送风阀的总漏风量,m³/s。

$$L_1 = 0.827A\Delta p^{1/n} \times 1.25 \times N_1 \qquad\qquad (公式1.4)$$

式中　A——每层电梯门及疏散门的总有效漏风面积,m²。其中门缝宽度,疏散门为 0.002 ~ 0.004 m;电梯门为 0.005 ~ 0.006 m;

Δp——压力差,Pa,楼梯间取 40 ~ 50 Pa;前室取 25 ~ 30 Pa;

N——指数,一般 $N = 2$;

1.25——不严密处附加系数;

N_1——漏风门的数量,当采用常开风口时取楼层数,当采用常闭风口时取 1。

$$L_2 = FvN_2 \qquad\qquad (公式1.5)$$

式中　F——每层开启门的总断面积,m²;

v——门洞断面风速,m/s,取 0.7 ~ 1.2 m/s;

N_2——开启门的数量。当采用常开风口时,20 层及以下取 2;20 层以上取 3;当采用常闭风口时,取 1。

$$L_3 = 0.083A_F N_3 \qquad\qquad (公式1.6)$$

式中　A_F——每层送风阀门的总面积,m²;

0.083——阀门单位面积的漏风量,m³/(s·m²);

N_3——漏风阀门的数量。当采用常开风口时,取 0;当采用常闭风口时,取楼层数。

在前室均设机械加压送风的剪刀楼梯间可以合用一个机械加压送风风道,其风量应按照两个楼梯间风量计算,但送风口应分别设置。

人防工程防烟楼梯间的机械加压送风量不应小于 25 000 m³/h。当防烟楼梯间与前室或合用前室分别进行送风时,防烟楼梯间的送风量不应小于 16 000 m³/h,前室或合用前室的送

风量不应小于 12 000 m³/h。此时楼梯间及其前室或合用前室的门按照 1.5 m×2.1 m 进行计算,当采用其他尺寸的门时,送风量应根据门的面积按照比例进行修正。

在高层建筑设计防火规范中对封闭楼梯间、防烟楼梯间及前室的机械加压送风量的规定见表 1.6~1.8。当计算值与表中规定值不一致时,应取较大值。

表 1.6　封闭楼梯间、防烟楼梯间(前室不送风)的加压送风量

系统负担层数/层	加压送风量/(m³·h⁻¹)
<20	25 000~20 000
20~32	35 000~40 000

表 1.7　封闭楼梯间、防烟楼梯间(前室送风)的加压送风量

系统负担层数/层	送风部位	加压送风量/(m³·h⁻¹)
<20	防烟楼梯间	16 000~20 000
	合用前室	12 000~16 000
20~32	防烟楼梯间	20 000~25 000
	合用前室	18 000~22 000

表 1.8　防烟楼梯间采用自然排烟,前室或合用前室不具备自然排烟条件时的送风量

系统负担层数/层	加压送风量/(m³·h⁻¹)
<20	22 000~27 000
20~32	28 000~32 000

另外要注意,表 1.8、表 1.9 的风量按照开启 1.60~2.00 m 的双扇门确定。当采用单扇门时,其风量可乘以系数 0.75;当设置有两个或两个以上出入口时,其风量应乘以系数 1.50~1.75。开启门时,通过门的风速不宜小于 0.75 m/s。

风量上下限选取应由层数、风道材料以及防火门漏风量等因素综合比较确定。

(2)电梯井的机械加压送风量。可按照电梯井的缝隙量及烟囱效应大小,进行模拟计算或按每层送风量为 1 350 m³/h 计算。

(3)消防电梯间前室加压送风量。高层建筑设计防火规范中关于消防电梯间前室加压送风量按照表 1.9 选取。

表 1.9　消防电梯间前室加压送风量表

系统负担层数/层	加压送风量/(m³·h⁻¹)
<20	15 000~20 000
20~32	22 000~27 000

封闭避难层(间)的机械加压送风量应依据避难层(间)净面积每平方米不少于 30 m³/h 进行计算。

人防工程避难走道机械加压送风量应按照前室入口门洞风速不小于 1.2 m/s 来计算确定。

（4）加压送风风机。

机械加压送风风机可采用轴流风机或中、低压离心风机,其设置位置应根据供电条件、风量分配均衡以及新风入口不受烟火威胁等因素确定,并应符合以下要求:

1）送风机的进风口与室外空气直接相连通。

2）送风机的进风口不宜与排烟机的出风口设在同一层面上,若必须设在同一层面时,送风机的进风口应不受烟气影响。

3）送风机应安装在专用的风机房内或室外屋面上。风机房应采用耐火极限不低于2.5 h的隔墙和1.5 h的楼板与其他部位相隔开,隔墙上的门应为甲级防火门。

4）设置常开加压送风口的系统,其送风机的出风管或进风管上应加装单向风阀。

5）当风机不设在系统的最高处时,应设置与风机联动的电动风阀。

1.3　灭火剂及灭火的基本原理

灭火剂是能够有效地破坏燃烧条件和终止燃烧的物质。可作为灭火剂用的物质主要有:水、泡沫、二氧化碳、干粉、卤代烷、氮气等。而不同的灭火剂,灭火作用不同。应根据不同的燃烧物质,有针对性地选用灭火剂,才能使灭火获得成功。

1.3.1　常用灭火剂

1. 水

（1）水的灭火作用。

1）冷却作用。水具有较好的导热性,1 kg的水温度每升高1 ℃,就可吸收4.184 kJ的热量;每蒸发1 kg的水,就可吸收2 259 kJ的热量。所以,当水与燃烧物接触或流经燃烧区时,将被加热或汽化,吸收燃烧产生的热量,从而使火场温度大大降低,致使燃烧终止。

2）窒息作用。水的汽化作用将在燃烧区产生大量水蒸气占据燃烧区,可阻止新鲜空气进入燃烧区,降低燃烧区氧气的体积分数,使可燃物得不到充足的氧气,致使燃烧强度减弱直至燃烧终止。

3）稀释作用。水本身是一种良好的溶剂,可以溶解亲水性可燃液体,如醇、醛、酮、醚、酯等。因此,当此类物质起火后,如果容器的容量允许或可燃物料流散,可用水予以稀释。因可燃物浓度降低而致使可燃蒸气量的减少,使燃烧减弱。当可燃液体的质量降到可燃质量以下时,燃烧终止。

4）分离作用。经射水器具（尤其是直流水枪）喷射形成的水流有很大的冲击力,当这样的水流遇到燃烧物时,将会使火焰产生分离。这种分离作用一方面使火焰"端部"补充不到可燃蒸气,另一方面使火焰"根部"失去维持燃烧所需的热量,致使燃烧终止。

5）乳化作用。非水溶性可燃液体的初期阶段火灾,在未形成热波之前,以较强的水雾射流（或滴状射流）灭火,可在液体表面形成"油包水"型乳液,乳液的稳定程度随可燃液体黏度的增加而加强,重质油品甚至可以形成含水油泡沫。水的乳化作用可使液体表面受到冷却作用,而使可燃蒸气产生的速率降低,导致燃烧终止。

（2）水的灭火应用。

水是最常用的灭火剂,它可以单独用于灭火,也可以同其他不同的化学添加剂组成混合液使用。消防用水可以取之于人工水源,也可以取之于天然水源。

1)灭火应用中的水流形态。通过利用不同的射水器具,可产生不同的水流形态。

①密集射流(直流水):利用直流水枪可产生呈现"柱状"连续流动的密集射流(即直流水)。密集射流是几种水流形态当中最具有冲击力的射流。

②滴状射流(开花水):利用开花水枪或大水滴喷头可产生一种呈滴状流动的水流(即开花水)。滴状射流的水滴直径通常为 $500 \sim 1\,500\ \mu m$,其冲击力低于密集射流,但可保证一定的射水距离,并获得较大的喷洒面积。

③雾状射流(喷雾水):利用喷雾水枪或雾流喷头可以产生水滴直径小于 $100\ \mu m$ 的雾状射流。因为产生雾状射流需要较高的压力,所以这种射流具有很大的比表面积,可大大增加水与燃烧物料的接触面,具有良好的冷却效果。

在实际火场上,水流形态可能会是不规则的。例如,由于空气阻力及地心引力的作用,或水柱交叉及障碍物撞击,柱状的密集射流可能会变成初步分散的水流,其水滴直径的分布很广;呈分散流动的滴状水,水滴最大直径可达 $6\ mm$(甚至更大),特别是扩张角可调的开花水枪,水滴直径的变化范围也是很大的。

④水蒸气:通过加热设备,如蒸汽锅炉等,使水汽化产生水蒸气。水蒸气是一种惰性气体,它能冲淡火场内可燃气体,降低空气中氧的浓度,产生窒息作用。

2)水适用火灾范围。用水灭火的适用火灾范围受水流形态、燃烧物料的类别以及状态、水添加剂的成分等条件影响和制约。

用直流水或开花水可扑救一般固体物质的表面火灾,比如棉麻及其制品、木材及其制品、粮草、纸张、建筑物等;可以扑救闪点在 $120\ ℃$ 以上的重油火灾;在遵守安全措施的前提之下,可以扑救带电设施的火灾,如变压器、电容器等。

用雾状水可扑救阴燃物质的火灾,也可以扑救可燃粉尘(如面粉、糖粉、煤粉等)的火灾。对于上列火灾,若使用润湿剂,灭火效果会更好;可以扑救煤油、汽油、乙醇等低闪点液体可燃物的火灾;可以扑救浓硫酸、浓硝酸场所的火灾,或稀释质量浓度高的强酸;可以扑救带电设施的火灾。

用水蒸气可以扑救封闭空间内的火灾;在一些常年供蒸汽的场所,可以利用水蒸气来灭火。水蒸气主要适用于扑救容积小于 $500\ m^3$ 的容器、封闭用房及空气不流通的场所或者燃烧面积不大的火灾,尤其适用于扑救高温设备和燃气管道火灾。

3)水灭火的注意事项:

①防止结冰:严寒冬天,当水泵暂停供水时,输水管道容易冻塞;在气温很低的条件下,长时间供水,水带内可能会产生冻结,由于结晶体积逐渐膨大,水带易破裂;自动喷水系统湿式管网,若无保温措施,应考虑加防冻液。

②防止物理性爆炸:漏包的钢水或铁水,不可以将水直接溅入,因为高温会使水急剧汽化,同时有部分分解,极易造成人身伤亡。

③防止水渍:仪表、精密仪器、工艺品、重要档案资料或图书,有重要价值的房间,溅水或水渍损失,甚至会大于火灾的损失(应考虑使用气体灭火剂)。

④直流水的冲击会引起粉尘物料的飞扬,易在空气中形成爆炸性的混合物,有引起爆炸的危险。对于粉尘物料、阴燃物质或水难浸透的物质,建议采用雾状水(含润湿剂效果更好)进行扑救。

⑤向密闭房间内的阴燃物质射水时,可能会产生大量热水蒸气,有灼伤危险。

⑥用直流水或开花水扑救密度比水小且不溶于水的可燃液体火灾时,由于这些液体会漂浮在水面上随水流动,可能使火势蔓延。使用水－泡沫联动装置扑救为好。

⑦用直流水或开花水直接喷射氧化钾、浓硫酸或浓硝酸时,由于酸液局部过热,所以有发生喷溅的危险,可使用雾状水流。

⑧对于带电设备的火灾,在保证一定安全距离的情况下,可以用自来水扑救。

使用直流水扑救电压在 35 kV 以下的带电设备火灾时,应选用 13 mm 或 16 mm 口径的水枪,水枪口与火点距离在 10 m 以上,若不能远距离射水扑救,可采用尽量小的水枪口径,并增大射流的仰角;使用达到正常雾化状态的喷雾水枪,安全距离可以缩至 5 m。若水枪射流严重受空间限制而达不到安全距离要求,则可以考虑水枪接地或水枪手穿着均压服等。

(3)水灭火的禁用范围。

1)能使水分解,释放出氢气和大量热量,可引起爆炸的轻金属,如钾(K)、钠(Na)、钙(Ca)等,不能用水扑救。

2)遇水会生成可燃、可爆、有毒气体,进而引起燃烧、爆炸或导致灭火人员中毒的物质,如碳化轻金属(Na_2C_2,K_2C_2,CaC_2,Al_4C_3)、氢化碱金属(KH,NaH)、金属硅化物(Mg_2Si,Fe_2Si)、金属磷化物(Ca_3P_2)、硼氢类($NaBH_4$,KBH_4)、氯化磷(PCl_5,PCl_3)及某些金属粉(Zn,Al,Mg)等,不能用水扑救。

3)处于熔化状态的钢、铁,喷射水扑救可引起爆炸。

4)炽热状态的含碳物不可以用水进行扑救,否则会引起爆炸或一氧化碳气体中毒。

(4)水添加剂对水灭火的影响。

为了改善水的性能,增强水的灭火效果,可根据不同需要在水中添加所需要的药剂。常用的添加剂有防冻剂、防腐剂、润湿剂、减阻剂及强化剂等。

1)防冻剂。这类物质有碳酸钾(K_2CO_3)、氯化镁($MgCl_2$)、氯化钙($CaCl_2$)、氯化钠($NaCl$)和酒精、乙二醇等。这类物质的加入之后使水溶液浓度增加而凝固点下降。

酒精或乙二醇的水溶液,多被用作汽车发动机的冷却水。

灭火器中所使用的防冻剂多为碳酸钾,其不仅没有腐蚀性,而且还具有很好的抗腐蚀作用。

氯酸盐溶液的腐蚀性很大,使用应慎重。

2)防腐剂。除在盛水容器(尤其是金属容器)内壁涂上保护材料层防腐外,可使用以下三种防腐蚀的抑制剂:

①无机阳性抑制剂:可形成氧化保护层的固体盐类,比如碱金属的磷酸盐、碳酸盐和硅酸盐,或者铬酸钠、铬酸钾及亚硝酸钠等。

②无机阴性抑制剂:主要有碳酸氢钾。

③有机抑制剂:主要有吸收氧的单宁酸的混合物、苯酸钠以及带长链的脂肪酸胺。

3)润湿剂。润湿剂可降低水的表面张力,增加其渗透能力。这对于扑救纤维类物质的火灾尤其是深部阴燃的火灾,可以提高灭火效率。用作润湿剂的物质有:

①阴离子表面活性剂:主要有洗涤剂(有机硫酸硅,有机磺酸盐)。

②阳离子表面活性剂:主要有多氧化物,普通的聚酯和聚酰胺等。

③两性表面活性剂:主要有三甲基胺内酯和硫酸三甲基胺内酯。

4)减阻剂。减阻剂是一种用来减少水在水带中流动时压力损失的添加剂。

聚氯乙烯是常用的一种减阻剂,为白色的固体物质,易溶于水,其保存温度为 $-17.8 \sim 48.8\ ℃$。聚氯乙烯适用于各种以水作为流动介质的灭火设备,其在水中的添加量为 0.1%。

当水经过较长的水带(或管道)流动时会产生压力损失。造成压力损失的主要原因有:一是由水的黏度所引起的水与水带(或管道)内壁的摩擦作用;二是由流动之中水沿垂直于主流方向的横向及涡流所引起的紊流作用。其中,紊流作用所导致的损失约占整个损失的 90%。当减阻剂溶解于水后,能适当增加水的黏度,降低水的紊流作用,由此降低了水流动时的压力损失。因为紊流作用与水带直径(或管径)有关,所以聚氯乙烯减阻剂对小口径的水带(或管道)效果显著。随着口径的增加,效果将会有所下降。

2. 泡沫灭火剂

泡沫灭火剂是与水混溶,通过化学反应或机械方法产生泡沫进行灭火扑救的药剂。

(1)泡沫灭火剂的类别。

泡沫灭火剂通常是由发泡剂、泡沫稳定剂、降黏剂、防蚀剂、防腐剂、抗冻剂、无机盐和水等组成。按其基料泡沫灭火剂分为以下三类:

1)化学泡沫灭火剂。化学泡沫灭火剂通常为一定比例的酸性盐与碱性盐构成的泡沫粉(分别包装)。酸性盐为带结晶水的硫酸铝[$Al_2(SO_4)_3 \cdot H_2O$],碱性盐为碳酸氢钠(NaHCO₃)。这两种盐分别以水溶解,灭火时混合,发生以下反应:

$$Al_2(SO_4)_3 + 6NaHCO_3 = 3Na_2SO_4 + 2Al(OH)_3 + 6CO_2 \uparrow$$

反应所生成的二氧化碳(CO_2)包在泡沫之中,生成的胶状氢氧化铝[$Al(OH)_3$]可使泡沫具有一定的黏度及热稳定性。

化学泡沫灭火剂在国内原来是以灭火器的形式应用,现在已经被淘汰。

2)蛋白质为基料的泡沫灭火剂。这是一种以天然蛋白质(骨胶朊、毛角朊——动物的角或蹄、豆饼等)的水解产物作为基料制成的泡沫液。

①普通蛋白泡沫灭火剂:在基料中加有稳定剂、防冻剂、缓蚀剂、防腐剂,及降黏剂等添加剂,这是国内应用比较多的泡沫灭火剂。

②氟蛋白泡沫灭火剂:以蛋白泡沫液为基料并添加适当的氟碳表面活性剂制成的泡沫液,其流动性、疏油性、抗燃性、相容性、灭火效率均优于普通蛋白泡沫。

③抗溶泡沫灭火剂:即用于扑救水溶性可燃液体火灾的泡沫灭火剂。这种灭火剂种类较多,金属皂型抗溶泡沫灭火剂是一种以水解蛋白为发泡剂,以脂肪酸的锌胺(氨)络合盐为耐液性组分的泡沫浓缩液(由于此种灭火剂易形成盐沉淀,使泡沫失去抵抗水溶性液体破坏的能力,且价格较高,故少用)。

3)合成型泡沫灭火剂。即由石油产品为基料制成的泡沫灭火剂。在国内应用较多的有4种:

①凝胶型抗溶泡沫灭火剂:这类泡沫灭火剂的水溶液为透明均相液体,用以形成的泡沫在亲水性溶剂表面形成既不溶于水又不溶于溶剂的胶膜,泡沫的稳定性好,且对灭火对象的污染度也很低。

②水成膜泡沫灭火剂("轻水"泡沫灭火剂)AFFF:其外观在正常状态下为浅黄色透明液体,由氟碳表面活性剂、碳氢表面活性剂、泡沫稳定剂、溶剂或抗冻剂及水等主要组分构成。这种泡沫的灭火作用是利用泡沫和水膜的双重作用实现的,泡沫流动性好、灭火效率高、可达

普通蛋白泡沫的三倍。

水成膜泡沫灭火剂主要被用于扑灭非水溶性可燃、易燃液体火灾,灭火性能要优于蛋白泡沫和氟蛋白泡沫。

③抗溶性水成膜泡沫灭火剂(ATC/AFFF):除有 AFFF 的特性之外,主要用于扑灭水溶性可燃液体(如醇、酮、醚、醛、酸及有机酸等)火灾。在灭火时,能在水溶性可燃液体表面上形成一层凝聚性聚合层。

④高倍数泡沫灭火剂:主要由发泡剂、泡沫稳定剂、溶剂、抗冻剂及水组成。发泡剂一般为具有较大起泡性的阴离子型与非离子型表面活性剂。如 YEGZ 型泡沫灭火剂以脂肪醇硫酸钠为发泡剂,以十二醇(椰子油)为泡沫稳定剂,添加组合抗冻剂、耐热剂以及助溶剂等添加剂而成的。高倍数泡沫灭火剂可分为粉态剂和液体剂两种类型。产生泡沫需要采取强制鼓风的方法,泡沫倍数可达 200～1 000 倍。

(2)泡沫灭火剂及泡沫的性能。

泡沫灭火剂的基料和添加剂及其产生泡沫的方式决定了泡沫灭火剂质量,以及所产生泡沫的流动性、稳定性、自封闭性、耐液性、抗燃性等性能。

1)泡沫的生成方法。除化学泡沫灭火剂之外,所有的泡沫灭火剂均被用作产生空气机械泡沫。空气机械泡沫的产生过程大致可分为下列三个步骤:

①制取混合液:把泡沫灭火剂与水按规定比例混合而制得,这种比例一般为 6:94 或 3:97(泡沫灭火剂与水的体积比),即 6% 型或 3% 型。

②混合液与空气混溶:以一定速度流经特制的泡沫产生设备,与空气互相搅动混溶,即形成泡沫。低倍数泡沫(2～20 倍)通常通过"负压"吸气的方式制取;中倍数(21～200 倍)或高倍数(201～1000 倍)泡沫通常利用鼓风的方式制取。

③喷射泡沫。

2)泡沫灭火剂的性能指标。

①相对密度:即泡沫灭火剂在 20 ℃时的密度与水在 4 ℃时的密度的比值。泡沫灭火剂的相对密度通常要求在 1.0～1.2。

②pH 值:泡沫灭火剂中所含氢离子 H^+ 的质量浓度,反映了泡沫灭火剂自身的腐蚀性。泡沫灭火剂的 pH 值通常要求在 6～7.5。pH 值过高或过低,对金属容器的腐蚀性都大。

③黏度:是衡量泡沫灭火剂流动性能的指标,反映了泡沫灭火剂能够通过泡沫比例混合器的能力,即是否能保证泡沫灭火剂与水的混合比。若黏度过大,会使混合液质量浓度降低而影响泡沫质量。

④流动点:即泡沫灭火剂保持流动状态的最低温度值,通常为 -15～-10 ℃,为贮存温度下限,某些泡沫灭火剂的流动点不小于 -5 ℃。

⑤沉降物含量:即泡沫灭火剂中不溶于水的固态物含量,以每 100 mL 泡沫灭火剂中含沉降物的多少来表示。其值反映了泡沫灭火剂生产工艺的完备性及贮存的稳定性,并应尽量低。

⑥沉淀物含量:已去除沉降物的泡沫灭火剂按规定比例制成混合液时,生成的不溶于水的固态物的含量。其中,含量的计量方式与沉降物一样,而沉淀物的存在对泡沫稳定性有不利影响。

⑦热稳定性:衡量泡沫灭火剂在一定时间内和较高温度下质量变化的指标。如果质量稳定,则该泡沫灭火剂在被加热至 65 ℃并保持 24 h 之后,所测得的沉降物和沉淀物含量应与加热前相比无明显的变化。

⑧腐蚀率:衡量泡沫灭火剂对由常用金属材料制造的包装容器、贮存容器、灭火设备等产生腐蚀程度的指标。测定方法通常是用 A3 钢片和合金铝片浸入 38 ℃的泡沫灭火剂中 21 d,然后测定每平方分米每日平均失重的毫克数。

⑨混合比:泡沫灭火剂用于灭火时与水混合的体积分数,低倍数泡沫灭火剂有 6% 型和 3% 型(泡沫剂与水的体积比为 6:94 或 3:97)。

⑩发泡率:形成一定体积的泡沫与所需混合液体积的比值。对于低倍数泡沫,量筒测发泡率为

$$N = \frac{V}{W}d \qquad\qquad (公式 1.7)$$

式中　N——发泡率;

　　　V——泡沫体积,mL;

　　　W——泡沫净重,g;

　　　d——混合液密度,$d \approx 1$ g/mL。

对于高倍数泡沫,可用立体拦网测量,即

$$N = \frac{V}{tQ} \qquad\qquad (公式 1.8)$$

式中　t——泡沫充满拦网时间,s;

　　　Q——混合液体积流量,$\mathrm{m^3/s}$。

3)泡沫的性能指标。

①25% 析液时间:衡量泡沫稳定性的一个指标,是单位质量的泡沫从生成开始,至 1/4 质量的混合液由泡沫中析出所需的时间,实际反映了泡沫由生成至自然破坏的过程。稳定性好的泡沫,这一过程需要的时间长。

②900% 火焰控制时间:衡量泡沫灭火性能的一个重要指标,在灭火过程中,是指从开始向燃料喷射泡沫到 900% 燃烧面积的火焰被扑灭的时间。如果泡沫的流动性和抗烧性好,这一时间就短,反之则长。

③灭火时间:从向着火的燃料表面供给泡沫开始至火焰全部被扑灭的时间,称为灭火时间。在同样条件下,灭火时间越短,则说明泡沫的性能越好。

④回燃时间(对低倍数泡沫而言):衡量泡沫热稳定性和抗烧性的指标,是一定体积的泡沫在规定面积的火焰的热辐射作用下,泡沫被全部破坏所用的时间。这一时间长,说明泡沫的热稳定性和抗烧性强。

(3)泡沫灭火原理。

泡沫的密度为 0.001 ~ 0.5 $\mathrm{g/cm^3}$,且具有流动性、黏附性、持久性以及抗烧性,可以漂浮或黏附在易燃或可燃液体(或可燃固体——如设备)的表面,或充满某一空间形成一个致密的覆盖层,产生如下的灭火作用:

1)隔离作用。泡沫层将燃烧物的液相与气相隔离,既阻止可燃物料的蒸发,同时又将可燃物与火焰区相分隔,即将燃烧物料与空气隔开。

2)冷却作用。从泡沫本身及从泡沫中析出的混合液——主要是水起到冷却作用。低倍数泡沫的冷却作用会略为明显。

(4)泡沫的应用范围。

①普通蛋白泡沫主要被应用于沸点较高的非水溶性易燃及可燃液体的火灾,以及一般固体物质的火灾。例如,原油、重油、燃料油、纸张、木材、棉麻等,应用场所通常是油罐、油池、仓库、汽车修理场以及码头等。

②氟蛋白泡沫除被用于除上述火灾及场所外,还主要用于扑救低沸点易燃液体,尤其是大型储油罐可采用液下喷射泡沫灭火。

飞机火灾的扑救,首选是"轻水"泡沫,其次是氟蛋白泡沫。以蛋白泡沫覆盖于飞机跑道,可避免因飞机迫降时与跑道摩擦而产生火灾。

③抗溶性泡沫主要被用于扑救水溶性可燃液体的火灾,如醇、酮、酯、醚、有机酸以及有机胺的火灾以使用聚合型抗溶泡沫为好。以蛋白质为基料的抗溶泡沫,其稳定性差,适用小范围火灾(尤其不适于低沸点水溶性可燃液体的火灾)。

④中、高倍泡沫的主要应用:电器与电子设备火灾(应断电);船舱、巷道、矿井、地下室、汽车库以及图书档案库等的火灾;当以二氧化碳代替空气发泡时,可以扑救二硫化碳的火灾;当液化石油气等气体泄漏时,可以采用高倍泡沫覆盖,防止挥发起火爆炸。

(5)泡沫的应用注意事项。

1)贮存注意事项。

①化学泡沫灭火剂的酸性粉与碱性粉应分开存放,并注意防止受潮和曝晒。

②液态泡沫灭火剂的金属容器内壁应涂防腐层,轻水泡沫剂甚至不能用金属容器;不得混入酸、碱或油类,储存温度宜在 0 ~ 45 ℃;泡沫灭火剂的贮存容器应尽量盛满,贮存期通常为 5 d。合成泡沫剂的贮存期可延长。

③在贮存期间,不可把不同基料的灭火剂或不同工艺制成的泡沫灭火剂相混合;泡沫灭火剂与水通常不做预先混合长期存放。

2)应用注意事项。

①水溶性液体火灾不可使用普通蛋白泡沫扑救,应使用抗溶泡沫扑救。

②带电设备及遇水发生化学反应而生成可燃气体或有毒气体的物质的火灾不能用泡沫扑救。

③高倍数泡沫不可用在开阔空间,因为容易被风或燃烧热气流所吹散;在密闭空间内使用时,应事先在泡沫供应源对面较高位置开设放气孔,以利于泡沫流动。

④任何情况下,泡沫的供应速度都要高于泡沫的衰变速度,另外应不直接将泡沫溅入可燃液体。

3.干粉灭火剂

干粉灭火剂是干燥的、易于流动的细微粉末,通常以粉雾的形式灭火。干粉灭火剂一般由某些盐类作基料,添加少量的添加剂,经粉碎、混合加工而制成。干粉灭火剂多被用于物料表面火灾的扑救。

(1)干粉灭火剂的分类。

按应用范围干粉灭火剂分为:BC 类干粉,即普通型干粉;ABC 类干粉,又称多用型干粉;D 类火灾专用干粉。

1)普通型干粉灭火剂(BC 类)。此种干粉适于扑救易燃和可燃液体、可燃气体和带电设备的火灾。

　　①钠盐干粉:以碳酸氢钠为基料,小苏打干粉,碳酸氢钠92%～94%,滑石粉(促流动剂)2%～4%,云母粉(绝缘剂)2%,硬脂酸镁(防潮剂)2%;改性钠盐干粉,碳酸氢钠72%,以硝酸钾、木炭、硫磺(15%,4%,1%)为增效剂,滑石粉4%,云母粉2%,硬脂酸镁2%;全硅化钠盐干粉,碳酸氢钠92%,云母粉、滑石粉等计4%,活性白土4%为增效剂,有机硅油5 mL/kg。经硅化处理的钠盐干粉,防潮效果及灭火效能均优于前两种干粉。

　　②钾盐干粉:分别以碳酸氢钾、氯化钾或硫酸钾为基料,这类干粉因制造成本高,故在国内很少应用。

　　③氨基干粉:以碳酸氢钠(或碳酸氢钾)与尿素的反应产物为基料,加入少量的添加剂而成。氨基干粉的灭火效率可达小苏打干粉的3倍,通常认为不含硬脂酸镁的干粉可与泡沫联用。

　　2)多用途干粉(ABC 类)。此种干粉除被应用于易燃可燃液体、可燃气体以及带电设备火灾之外,还可应用于一般固体物质的火灾。多用途干粉的基料有三种:

　　①磷酸盐:如磷酸二氢铵、磷酸氢二铵、磷酸铵或焦磷酸盐。

　　②硫酸铵与磷酸铵的混合物。

　　③聚磷酸铵。

　　3)金属火灾专用灭火剂。因为金属火灾的燃烧特性,所以要求灭火时干粉与金属燃烧物的表层发生反应或形成熔层,使炽热的金属与周围的空气隔绝。

　　(2)干粉灭火剂的性能。

　　普通干粉(BC)的性能,应符合《干粉灭火剂第1部分:BC 干粉灭火剂》(GB 4066.1—2004)的有关规定;多用途干粉(ABC)的专业标准尚未公布,仅根据暂行标准。表1.10列举了干粉灭火剂的主要性能指标。

表1.10　干粉灭火剂的主要性能指标表

检测项目		性能指标	
		普通干粉	多用干粉(暂行)
松密度/(g·cm⁻³)		≥0.85	≥0.80
比表面积/(cm²·g⁻¹)		2 000～4 000	2 000～4 000
含水率/%		≤0.20	≤0.20
吸湿率/%		≤2.00	≤0.20
流动性/s		≤8.00	≤8.0
结块趋势	针入度/mm	≥16.0(表面松散)	≥16.0(表面松散)
	斥水性/s	≤5.0	≤5.0
低温特性/s		≤5.0	≤5.0
粒度分布	60 目以下	0.0	
	60～100 目	0.0～5.0	
	100～200 目	0.0～10.0	
	200～325 目	5.0～20.0	
	底盘	75.0～95.0	
充填喷射率/%		≥90	≥90
灭火效能(标准试验装置)		3次灭火试验至少2次成功	3次灭火试验至少2次成功

1)干粉的物理性能。

①松密度:干粉在不受振动的情况下,100 g粉末质量与其实际充填体积的比值。

②相对质量密度:干粉在20 ℃时的密度(不包括颗粒之间的空隙)与水在4 ℃时密度的比值。

③充填密度:干粉在受一定振动条件下被振实的粉末质量与充填体积的比值。

④比表面积和颗粒细度:前者指单位质量的干粉颗粒表面积的总和,单位以 cm^2/g 表示;后者一般以通过 60,100,200,325 目筛的百分数(即颗粒的细度分布)表示。这项指标直接影响干粉的流动性和灭火效率。

⑤含水率:干粉含水量的质量分数。含水量大,影响干粉的贮存、施放和绝缘性,甚至失效。因此,对干粉的含水率要求较为严格。

⑥吸湿率:一定量干燥的干粉在温度为(20 ± 0.5)℃、相对湿度为 78%的环境中放置 24 h以后吸水增重的百分数。吸湿率低,说明干粉抗结块性能好。

⑦流动性:是衡量干粉是否易于流动的指标。流动性的好坏,直接影响干粉的喷射性能。

⑧结块趋势:用以衡量干粉是否易于结块。以针入度和斥水性表示(即在规定条件下用标准针刺入干粉的深度和干粉在重力作用下自水面向下流动的时间)。对相同原料、配比和工艺的干粉而言,针入度值大,则干粉抗结块性能好。

⑨低湿特性:衡量干粉在低温条件下(−55 ℃)的流动性指标。

⑩充填喷射率:衡量干粉在实际应用时流动性能的指标(以标准8 kg干粉灭火器在规定条件下喷射后,干粉喷出量与充填量的百分率)。

⑪灭火效能:测定灭火能力的指标。以标准试验装置按规定条件要求在 1 min 内灭 $0.65\ m^2$的 70 # 汽油火为合格;也可以用标准灭火器测定一次灭火所能扑灭的最大燃油面积来测定,以 m^2/kg 表示。

2)干粉的化学性能。干粉在干燥状态下呈惰性,加水并保持一段时间之后,普通干粉将会呈弱碱性,多用途干粉呈弱酸性或中性。干粉的含水率满足规定要求时,没有腐蚀性。只有当普通干粉的吸湿量超过一定限度或者温度升高过限(40 ℃)时,能够引起金属腐蚀,对碳钢尤为严重;多用途干粉在火焰的作用下能释放出氨气,在一定条件下对有色金属有一定的腐蚀作用(并不严重)。

某些专用于扑救金属火灾的干粉(M − 干粉)是有毒的,而普通干粉及多用途干粉的基料是无毒的。干粉的基料(纯碳酸氢钠、硬脂酸镁)对泡沫有明显的破坏作用。

(3)干粉的灭火作用。

1)化学抑制作用。干粉的抑制灭火作用有:多相抑制机理,认为其灭火过程就是在干粉粒子表面发生化学抑制反应;均相抑制机理,认为其在灭火过程就是干粉先在火焰区汽化后,再在气相粒子表面发生化学抑制反应;

①多相抑制机理。烃类物料燃烧发生如下链锁反应:

$$(R—H) +O_2→R· +H· +2O:\qquad\qquad(链引发)$$
$$(燃料)\qquad\qquad(游离基)$$
$$H· +O:→OH·\qquad\qquad(链传递)$$
$$OH· +OH· →H_2O +O: +Q(能量)\qquad\qquad(链终结)$$

当两个 OH·游离基结合时,释放能量使燃烧反应过程能够得以继续。

当干粉射向燃烧区,干粉粒子与火焰中产生的活性基团相接触时,活性基团瞬间被吸附在粉粒表面,发生如下反应:

$$M(粉粒) + OH \cdot \rightarrow MOH$$
$$MOH + H \cdot \rightarrow M + H_2O$$

在该反应之中,活泼的 H·与 OH·在粉粒表面结合,形成了不活泼的 H_2O,从而中断燃烧的链锁反应,导致燃烧中止。

②均相抑制机理。干粉的灭火过程是,首先干粉在火焰中汽化,然后在气相中发生化学抑制反应,其主要抑制形式(可能)是气态氢氧化物。若使用钠盐干粉,其反应主要过程如下:

$$NaOH + H \cdot \rightarrow H_2O + Na \qquad ①$$
$$NaOH + OH \cdot \rightarrow H_2O + NaO \cdot \qquad ②$$
$$Na + OH \cdot \rightarrow NaOH \qquad ③$$
$$NaO \cdot + H \cdot \rightarrow NaOH \qquad ④$$
$$NaOH + H \cdot \rightarrow NaO \cdot + H_2 \qquad ⑤$$

通过反应式①~③实现抑制作用的催化循环,其中 NaOH 通过反应式④和式⑤再生。

经实验证明,干粉细度大有利于粉粒在火焰中的蒸发,可提高灭火效率。

碱金属的盐类对燃烧的抑制作用(即灭火效能)随碱金属原子序数的增加而递增,也就是:锂盐<钠盐<钾盐<铷盐<铯盐。

在用多用途干粉灭火时,磷酸铵盐与火焰接触后,生成多聚磷酸盐,可以在燃烧物料表面形成玻璃状熔层,它也可以渗透到一般固体物质的纤维孔之内,同时能够阻止空气与可燃物料的接触(起隔离作用)。

磷酸铵盐分解释放出来的氨气对火焰也能起到似卤代烷那样的均相负催化作用;磷酸铵盐还能使燃烧物料表面碳化,而这种导热性差的碳化层,可以降低燃烧强度。

2)烧爆作用。某些化合物(如尿素与碳酸氢钠的反应产物 $NaC_2N_2H_3O_3$)同火焰接触时,由于高温作用,可以使干粉颗粒爆裂成为多个更小的颗粒,这就使干粉的比表面积剧增,同时增加了干粉与火焰的接触面积,吸附作用随之增强,从而提高灭火效能。

3)其他作用。灭火时干粉的"粉雾"能够减弱火焰对燃烧物料的热辐射;干粉颗粒的高温分解,释放出结晶水或不活泼气体,可以吸收部分热量或降低火场氧气的浓度,降低燃烧强度。事实上,这些"其他作用"都是很小的。

(4)干粉的应用范围。

1)普通干粉可用于扑救的火灾。易燃及可燃液体(如汽油、煤油、润滑油、原油等)火灾,可燃气体(液化气、乙炔等)火灾以及电气设备火灾;与上述类别相应场所的火灾。

2)多用途干粉可用于扑救的火灾。除可与普通干粉作相同应用之外,还可应用于一般固体物质的火灾(比如木材、棉、麻、竹等)。

(5)干粉的应用注意事项。

1)干粉的贮存。干粉贮存期间应用塑料袋包装并热合封严,外套有较大强度的保护性封袋;贮存地点应通风干燥,温度在 40 ℃以下;干粉堆垛不宜太高,防止压实结块。由于干粉受潮而结块后,若再行烘干粉碎后使用,灭火效率将会大大降低。

正常贮存的干粉,有效期限为 5 年。超过有效期的干粉,应送交有权威性的灭火剂检测部门进行检测,认为合格之后方可继续使用。

2)应用注意事项。干粉在使用时会形成粉粒沉积,所以禁止用干粉扑救电子计算机、电话通信站、高精度机械设备以及仪器仪表的火灾。

干粉的冷却作用极小,所以应注意防止复燃。特别是在扑救易燃和可燃液体火灾时,"联用"效果更好。"联用"时,先用干粉,后用泡沫。表1.11列举了各类干粉与泡沫联用的配伍。

表1.11 干粉与泡沫联用配伍表

泡沫	干粉			
	多用途	氨基	钾盐	普通
无氟蛋白	○	○	△	×
含氟蛋白	○	○	○	○
合成型	○	○	○	○

注:"○"可以联用;"×"不可联用;"△"少用。

4. 卤代烷灭火剂

(1)卤代烷灭火剂的分类及性质。

卤代烷灭火剂是指碳氢化合物中的氢原子被卤素原子取代后生成的化合物。卤代烷化合物较多,作为灭火剂的卤代烷有以下五种:二氟一氯一溴甲烷(CF_2ClBr_2),按照碳、氟、氯、溴顺序命名为1211;二氟二溴甲烷(CF_2Br_2),命名为1202;三氟一溴甲烷(CF_3Br),命名为1301;氯溴甲烷(CH_2ClBr),命名为1011;四氟二溴乙烷($C_2F_4Br_2$),命名为2402。其中,以1211及1301使用最为广泛。在常温情况下,1301是无色、无味、不导电的气体,其质量为空气的4.9倍;1211也是无色、不导电气体,其质量为空气的5.3倍,且略带香味。

1301与1211都有很好的化学稳定性,经长期贮存后物理及化学性质的变化极小,且对金属的腐蚀也极小,在无湿气的条件下与大多数金属接触无腐蚀作用。所以,盛装1301,1211的容器在充装之前必须要烘干,同时被用于充装的动力气体(氮气)不应含水分。

卤代烷灭火剂具有一定毒性,在常温状态下毒性很小。1211属化学物质分类标准中5类毒性级,低毒。在1211浓度为5%~40%的场所中,人的最大安全时间达1 min,在浓度低于4%时,停留数分钟则不会产生严重的影响。当人员离开危险场所之后,吸入的1211影响很快就会全部消失,多次接触也不会形成毒性积累。当空气中浓度超过5%时,才发生中毒危险。1211与火焰接触或遇热温度高于482 ℃时就会发生分解反应,分解物有卤酸(HF,HCl,HBr),游离卤素(Cl_2,F_2,Br_2)以及少量的卤代碳酰(COF_2,$COBr_2$,$COCl_2$)。这些化合物的毒性较大,人在这些化合物的致死浓度环境中停留15 min就会致死。

1301是卤代烷灭火剂中毒性最低的一种,属于化学物质分类标准中的6级最小毒性级别,微毒。当1301接触火焰或温度超过480 ℃时就发生分解,其主要的分解物为卤酸(HF,HBr)与溴原子。分解物毒性低于1211,当试验动物暴露在浓度为20%的1301场所中停留2 h,未发现明显中毒现象。所以,在1301灭火系统中设计灭火浓度为5%~7%时,在经常有人停留的场所比1211相对安全。

1301,1211分解物具有特殊的辛辣味,可给人们发出危险的警告,促使人员迅速撤离现场和提醒现场人员采取防毒措施。

1211 的分解程度由火灾大小、灭火剂的蒸气浓度以及灭火剂与火焰(或高温热表面)接触时间的长短所决定。如果浓度很快达到灭火浓度值,火灾就会很快被扑灭,则分解产物也较少,而分解产物的实际浓度则由发生火灾的房间的体积、气体混合状态和通风的程度所决定。

为了减少分解产物,采用较大供给强度及较短灭火时间的灭火剂是一种较好的方法。所以,灭火时间不应超过 10 s,若房间内还有人,在灭火剂喷射之前,应发出报警讯号,以便使室内人员撤离。喷射灭火剂后,在房间出入口应发出警告标志,避免人员进入房间。

(2)卤代烷 1301 和 1211 的灭火原理。

1301 和 1211 是一种液化气体灭火剂,灭火剂在压缩气体的推动之下,喷出的液体很快就汽化。它们与大多数普通灭火剂不同,不是利用冷却和稀释等物理性质灭火,而是抑制燃烧反应的化学作用,由于 1301 和 1211 在火焰高温中分解所产生的灭火活性游离基 Br^-,Cl^- 等,参与物理燃烧过程中的化学反应,不断消除能够维持燃烧的活性游离 H^+ 基及 OH^- 基,生成稳定的分子,如 H_2O,CO_2 及活泼性较低的游离基 R 等。从而使燃烧过程中的化学链锁反应中断而扑灭火灾。所以,1301 和 1211 的灭火作用是使游离 H^+ 基与 OH^- 基结合成不燃烧的水蒸气。所以,1301 和 1211 在物质燃烧过程中实际上是起着灭火的催化剂作用,其灭火中的作用如下:

可燃物($R—H$)在燃烧过程中产生活性游离基:

$$(R—H) + O_2 \rightarrow H^+ + 2O^{2-} + R^-$$

$$H^+ + O^{2-} \rightarrow OH^-$$

$$2OH^- \rightarrow H_2O + O^{2-}$$

在燃烧过程中不断产生游离基 OH^- 和 O^{2-} 促使燃烧不断地进行。当 1301 或 1211 施放到燃烧区,遇火受热分解出 Br^- 与 Cl^-:

$$CF_2ClBr \rightarrow CF_2 + Br^- + Cl^-$$

$$CF_3Br \rightarrow Br^- + CF_3$$

游离基 Br^- 与燃烧物质的氢发生反应产生 HBr:

$$(R—H) + Br^- \rightarrow HBr + R^-$$

HBr 继续与游离基 OH^- 反应,生成不燃的水蒸气,并释放出 Br^- 游离基:

$$OH^- + HBr \rightarrow H_2O + Br^-$$

而 Br^- 再与燃烧物质产生的 O^{2-},H^+,OH^- 发生反应,使燃烧链锁反应中断,火焰熄灭。F,Cl,Br 等元素均起灭火作用,其中以 Br 的灭火效能最大。因为 Br 与可燃物产生游离基反应极快,而 1301 和 1211 在与火焰接触中又不断增加,所以 1301 和 1211 灭火极为迅速。

对于卤代烷的灭火原理,还有一种解释则为:将卤代烷灭火剂向燃烧的物质投加,会产生溴原子,由于溴原子具有比氧原子更大的俘获减速电子的横切面,溴原子会通过除去氧原子的活化所需电子而抑制燃烧反应,而使燃烧受到窒息。

5. 二氧化碳灭火剂

二氧化碳灭火剂属液化气体型灭火剂。

(1)二氧化碳的性质。

1)二氧化碳的物理性质。二氧化碳的物理常数见表 1.12。二氧化碳能够在 6 MPa 压力下液化,它通常以液相贮存在钢瓶内(高压容器)。在 −78.5 ℃ 低温下,可以制成干冰。在 0 ℃ 时,1 atm(1 atm = 101.325 kPa,下同)条件下,1 kg 的液态二氧化碳能够形成 509 L 气态二氧化碳,而 1 L 的液态二氧化碳能够形成 462 L 气态二氧化碳。

表1.12　二氧化碳的物理常数

项　目	数　值	项　目	数　值
分子式	CO_2	临界压力/MPa	7.395
分子质量	44.10	临界密度/($kg \cdot m^{-3}$)	0.46
升华点/℃	−78.5	液体相对[质量]密度	0.914
溶点/℃	−56.7	液体密度(20 ℃)/($g \cdot mL^{-1}$)	1.98
临界温度/℃	31.0	蒸气压/Pa	5.68×10^6
临界压力/Pa	7.14×10^6	汽化潜热(沸点时)/($J \cdot g^{-1}$)	577.67

2)二氧化碳的化学性质。二氧化碳可溶解于水形成弱酸:

$$CO_2 + H_2O \rightleftharpoons H_2CO_3$$

二氧化碳与炽热的炭相互作用形成有毒的一氧化碳:

$$CO_2 + C \rightarrow 2CO + Q$$

3)二氧化碳的毒性。当空气中二氧化碳含量较高时,会刺激眼睛黏膜及呼吸道,并可能灼伤皮肤,其毒性主要作用于人的呼吸及血液循环系统。当空气中 $\varphi(CO_2) = 2\% \sim 4\%$ 时,中毒的初步症状是呼吸加快;当空气中 $\varphi(CO_2) = 4\% \sim 6\%$ 时,开始出现剧烈的头痛、耳鸣以及剧烈的心跳;当 $6\% \sim 10\%$ 体积分数突然作用于人体时,会使人失去知觉。但是如果体积分数缓慢上升,生物会逐渐习惯它的作用,人可以在这样的条件下停留 1 h,但工作效率会降低。当空气中 $\varphi(CO_2) = 20\%$ 时,人就会死亡。

(2)二氧化碳的灭火性能。

1)窒息作用。在常温常压情况下,1 kg 二氧化碳可以形成 500 L 左右的二氧化碳蒸气,这个数量足以使 1 m³ 体积的火焰熄灭。通常情况下,当空气中 $\varphi(CO_2) = 30\% \sim 35\%$ 时,绝大多数的燃烧物料的燃烧都将会被窒息。为安全起见,二氧化碳的实际应用剂量都大于理论计算剂量。

2)冷却作用。二氧化碳的升华过程对于燃烧具有冷却作用。在实际扑救过程中,液态二氧化碳(在临界温度以上为气态)释放时因膨胀作用而吸热,在喷射口(或喷筒)迅速降温,可达 −78.5 ℃,在该温度和常压之下,二氧化碳可形成雪片状固体(即干冰),具有很好的局部冷却作用。

(3)二氧化碳的应用范围。

1)电气火灾。

2)液体火灾或石蜡、沥青等可熔化的固体火灾。

3)固体表面火灾及棉毛、织物、纸张等部分固体深位火灾。

4)灭火前可切断气源的气体火灾。

5)贵重生产设备、仪器仪表以及图书档案等火灾。

(4)二氧化碳灭火剂不得用于以下火灾。

1)硝化纤维、火药等含氧化剂的化学制品火灾。

2)氢化钾、氢化钠等金属氢化物火灾。

3)钾、钠、镁、钛、锆等活泼金属火灾。

6．其他灭火剂

（1）几种卤代烷灭火剂的替代物。

1）理想卤代烷灭火剂（Halon）替代物的基本要求如下：

①对大气臭氧层无损耗，臭氧耗损潜能值 ODP≤0.05，最好 ODP＝0。

②清洁性好，灭火后不留残存物。

③灭火剂用量少，灭火效能高。

④温室效应小，即温室效应潜能值（GWP）小或无。

⑤合成物在大气中存留寿命（ALT）短，潜在危险小。

⑥良好的气相电绝缘性。

⑦毒性小或无毒。

⑧成本低，经济合理。

2）几种洁净气体灭火剂的性能。因为卤代烷灭火剂受到限制使用，所以卤代烷替代物的开发研究进入了快车道，在短短几年内，相继开发了十几种洁净气体灭火剂。所谓洁净气体灭火剂，也就是既包含了卤代烷灭火剂所具有的不污染被保护对象的含义，又包含了不破坏大气臭氧层的含义。洁净气体灭火剂及参数见表1.13。

表1.13　ISO 认可的"洁净气体"灭火剂及参数

ISO/CD 标准编号	14520－2	14520－3	14520－4	14520－5	14520－6	14520－7	14520－8
灭火剂	CF_3I	FC－2－1－8	FC－3－1－10	FC－5－1－14	HCFC 混合物 A	HCFC－124	HFC－125
分子式	CF_3I	$CF_3CF_2CF_3$	C_4F_{10}	$CF_2(CF_2)_4CF_3$	$CHClF_2$ 82% $CHCl_2CF_3$ 4.75% $ClFCF_3$ 9.5% $C_{10}H_{16}$ 3.75	$CHClFCF_3$	CF_3CHF_2
化学名称	三氟一碘甲烷	全氟丙烷	全氟丁烷	全氟己烷	一氯二氟甲烷 二氯三氟乙烷 一氯四氟乙烷 萜烯	一氯四氟乙烷	五氟乙烷
商品名称	Triodide	FC308	FC410	FC614	NAFS－Ⅲ	FE－241	FE－25
沸点/℃	－22.5	－36.7	－2.0	56	－38.3	－10.95	－48.14
蒸气压力 $P_{20℃}$/MPa	0.465	0.792	0.284	0.031	0.825	0.327	1.209
比容系数 k_1	0.113 8	0.117 12	0.094 104	0.061 432 5	1.683	0.157 5	0.182 6
比容系数 k_2	0.000 5	0.004 674	0.000 344 55	0.000 256 6	0.004 4	0.000 6	0.000 7
最大充装密度 ρ_0/(kg·m⁻³)	1 680	1 124	1 280	1 520	900	1 140	831
容器最大工作压力 $p_{g,50℃}$/MPa	3.55	3.0	3.0	3.0	4.0/10.0	1.9	4.0

续表 1.13

ISO/CD 标准编号		14520-2	14520-3	14520-4	14520-5	14520-6	14520-7	14520-8
贮存压力 P_{oa}/MPa		2.5	2.5	2.5	2.5	2.5/4.2	1.34	2.5
ODP 值		0.008	0	0	0	0.05	0.022	0
灭火浓度 CV/V	正庚烷灭火浓度/%	3.0	7.3	5.0	4.0	9.9	6.7	8.1
	A 类表面灭火浓度/%		无数据	5.0	无数据	7.2	无数据	无数据
GWP 值		~1	不详	5 500	5 200	1 600	440	3 400
ALT 值/年		~0	不详	2 600	~3 000	16	7	41
NOAEL 值/%		0.2	30	40	18	12	1.0	7.5
灭火剂		HFC-227ca	HFC-23	HFC-236fa	IG-01	IG-100	IG-55	IG-541
分子式		GF_3CHCF_3	CHF_3	$CF_3CH_2CF_3$	Ar	N_2	N_2 50% Ar 50%	N_2 52% Ar 40% CO_2 8%
化学名称		七氟丙烷	三氟甲烷	六氟丙烷	氩	氮	氮、氩	氮、氩、二氧化碳
商品名称		FM-200	FE-13	FE-36	Argon		Aargonite	INERGEN
沸点/℃		-16.4	-82.0	-1.4	-185.9	-195.8	-196	-196
蒸气压力 $P_{20℃}$/MPa		0.391	4.183	0.229 6	—	—	—	15.2
比容系数	k_1	0.126 9	0.316 7	0.141 3	0.561 19	0.799 68	0.695 8	1.683
	k_2	0.000 513	0.001 27	0.000 6	0.002 054 5	0.002 93	0.002 416	0.004 4
最大充装密度 ρ_0/(kg·m^{-3})		1 150	860	1 200	—	—	—	—
容器最大工作压力 $p_{g,50℃}$/MPa		3.5/5.4	13.7	3.1	16(15℃)	15.7/18.8	17.5/23.5	17.5/20
贮存压力 P_{oa}/MPa		2.5/4.2	4.2/6.0	2.5	15	15	15	15
ODP 值		0	0	0	0	0	0	0
灭火浓度 CV/V	正庚烷灭火浓度/%	5.8	12	5.3	38	33.6	无数据	29.1
	A 类表面灭火浓度/%	5.8	15	无数据	29.9	无数据	无数据	29.1
GWP 值		2 050	9 000	不详	—	—	—	—
ALT 值/年		31	280	不详	—	—	—	—
NOAEL 值/%		9.0	30	10	43	43	43	43

注:1. ODP 值——臭氧耗损潜能值,以 CFC-II 为基准。

2. GWP 值——温室效应潜能值,以 CO2 百年值为基准。

3. ALT 值——在大气中存活寿命,即潜在危险指标。

4. NOAEL 值——未观察到不良反应浓度,心脏过敏作用敏感域的测度。

(2)水蒸气。

这里所说的水蒸气是指由工业锅炉制备的饱和蒸汽或者过热蒸汽。饱和蒸汽的灭火效果要优于过热蒸汽。凡有工业锅炉的单位,均可安装固定式或半固定式(蒸汽胶管加喷头)蒸汽灭火设备。

水蒸气是惰性气体,一般用于易燃和可燃液体、可燃气体火灾的扑救。一般被应用于房间及舱室内,也可应用于开敞空间。其灭火原理是:在燃烧区内充满水蒸气可阻止空气进入燃烧区,致使燃烧窒息。由实验可知:对汽油、煤油、柴油以及原油火灾,当空气中的水蒸气体积分数达到35%时,燃烧就会停止。水蒸气在使用时应注意避免热气灼伤。水蒸气遇冷凝结成水,应保持一定的灭火延续时间及供应强度。通常情况下,在无损失条件下为 0.002 kg/(m³·s),有损失条件下为 0.005 kg/(m³·s)。

（3）发烟剂。

发烟剂指的是一种深灰色粉末状混合物,由硝酸钾、三聚氰胺、木炭、碳酸氢钾以及硫磺等物质混合而成。发烟剂通常通过烟雾的自动灭火装置(发烟器和浮子组成),置于 2 000 m³ 以下原油、渣油或柴油罐内或 1 000 m³ 以下航空煤油储罐内的油面。在火灾温度的作用下,发烟剂燃烧产生二氧化碳、氮气等惰性气体(占发烟量的85%),在缸内油面上方的空间内形成均匀而浓厚的惰性气体层,阻止空气向燃烧区域的流动,并使燃烧区可燃蒸气的体积分数降低,导致燃烧窒息。发烟剂不适合在开敞空间使用。

（4）原位膨胀石墨。

原位膨胀石墨灭火剂是石墨经处理过后的变体,外观为灰黑色鳞片状粉末,稍有金属光泽,是一种新型的金属火灾灭火剂。

1）基本性质。石墨是碳的同素异构件,无毒、无腐蚀性。当温度低于 150 ℃ 时,密度基本稳定;当温度达到 150 ℃ 时,密度会变小,开始膨胀;当温度达到 800 ℃ 时,其体积膨胀至膨胀之前的 54 倍。

2）灭火原理。当碱金属或轻金属起火后,在燃烧物质表面喷洒原位膨胀石墨灭火剂,在高温作用下,灭火剂中的添加剂逸出气体,使石墨体积迅速膨胀,可在燃烧物的表面形成海绵状的泡沫;同时与燃烧的金属接触的部分被液态金属润湿,生成金属碳化物或部分石墨层间化合物,形成隔离空气的隔膜,使燃烧窒息。

3）应用注意事项。原位膨胀石墨的应用对象为钠、钾、镁、铝及其合金的火灾。其使用方法是:可以盛于小包装塑料袋之内,投入燃烧金属的表面;或可灌装于灭火器之内,利用低压喷射。应密封贮存,且温度应低于 150 ℃。

（5）砂子和灰铸铁末（屑）。

砂子和灰铸铁末（屑）是两种非专门制造的灭火剂,它们单独应用于规模很小的磷、镁、钠等火灾,起隔绝空气或从火焰中吸热(冷却)的作用,可以灭火或控制火灾的发展。

1.3.2 灭火的基本原理

1．冷却作用灭火

将灭火剂施放到火场后,由于升温、蒸发等吸收热量,使火场降温,最后达到灭火目的。例如,具有冷却作用的灭火剂有水及泡沫等。

每千克水的温度每升高 1 ℃,就可吸收热量 4.148 kJ;每千克水蒸发汽化,就可吸收热量 2 259 kJ。喷洒在火场的水将会被加热或汽化,吸收大量热量,使火场温度降低,以致燃烧终止。

2．窒息作用灭火

灭火剂释放到火场之后,降低燃烧区内氧体积分数,由于供氧不足而使燃烧终止。正常情况下,空气中氧体积分数为 21%,当空气中氧体积分数降至 15% 以下时,碳氢化合物就不会燃烧。具有窒息作用灭火的灭火剂例如有水蒸气、CO_2 等。

3.隔离作用灭火

灭火剂释放到火场之后,会使可燃物与空气(O_2)和火源相隔绝,使燃烧停止。例如,具有隔离作用灭火的灭火剂有泡沫等。

4.化学抑制作用灭火

灭火剂释放到火场之后,因化学作用,抑制可燃物的分子活化,迅速降低火场中 H^+,OH^-,O^+ 等自由基质量浓度,最终使燃烧终止。例如,具有化学抑制作用灭火的灭火剂有卤代烷、干粉等。

2 建筑工程消防基础知识

2.1 建筑消防工程概述

2.1.1 消防与消防工程概念

"消防"之意,从最浅显的意义来讲包括下列三项内容:

(1)防止火灾发生。

(2)及时发现初起火灾,避免酿成重大火灾。

(3)一旦火灾形成,采取适宜的措施,将其消灭。

为了防止发生火灾,建筑物内尽量减少使用可燃材料,或把可燃材料表面涂刷防火涂料;为了及时发现初起火灾,建筑物内需安装火灾报警装置;为了控制已发火灾范围,不使火灾面积扩大,建筑物内通常设置防火分区和防火分隔物,如防火墙、防火窗、防火门、防火阀等;为了消灭已发火灾,建筑物内可依照需要安装不同的灭火系统,上述这些为了防止火灾发生和控制、消灭已发火灾而建造和安装的工程设施、设备统称为"消防工程"。

2.1.2 消防设施和消防系统

1.防火分区和防火分隔物

(1)防火分区。

所谓防火分区是指采用具有一定耐火性能的分隔构件划分的,能在一定时间内防止火灾向建筑物的其他部分蔓延的局部区域。一旦发生火灾,在一定时间内,分区可将火势控制在局部范围内,为组织人员疏散和灭火赢得时间。

(2)防火分隔物。

防火分隔物是指防火分区的边缘构件,一般有防火墙、耐火楼板、甲级防火门、防火卷帘、防火水幕带、上下楼层之间的窗间墙、封闭和防烟楼梯间等。其中,防火墙、甲级防火门、防火卷帘和防火水幕带属于水平方向划分防火分区的分隔物,而耐火楼板、上下楼层之间的窗间墙、封闭和防烟楼梯间属于垂直方向划分防火分区的防火分隔物。

2.消防电梯

消防电梯是为了给消防员扑救高层建筑火灾创造条件,使其在火灾发生时迅速到达高层起火部位,去扑救火灾和救援遇难人员而设置的特有的消防设施。

3.火灾报警系统

火灾自动报警系统是探测初期火灾并发出警报的系统。按照不同的监控范围,分为以下三种基本形式:

(1)集中报警系统。

(2)区域报警系统。

（3）控制中心报警系统。

4. 灭火系统

灭火系统有消火栓灭火系统、自动喷水灭火系统、泡沫灭火系统、气体灭火系统等，各个系统中又分为不同的形式。

2.1.3　消防工程常用名词解释

（1）多线制：系统间信号按各回路进行传输的布线制式。

（2）总线制：系统间信号采用无极性两根线进行传输的布线制式。

（3）单输出：可输出单个信号。

（4）多输出：具有两个以上不同输出信号。

（5）××××点：指报警控制器所带报警器件或模块的数量，亦指联动控制器所带联动设备的控制状态或控制模块的数量。

（6）×路：信号回路数。

（7）点型感烟探测器：对警戒范围内某一点周围的烟密度升高响应的火灾探测器。

（8）点型感温探测器：对警戒范围内某一点周围的温度升高响应的火灾探测器。

（9）红外光束探测器：将火灾的烟雾特征物理量对光束的影响转换成输出电信号的变化并立即发出报警信号的器件。由光束发生器和接收器两个独立部分组成。

（10）火焰探测器：将火灾的辐射光特征物理量转换成电信号并立刻发出报警信号的器件。

（11）可燃气体探测器：对监视范围内泄漏的可燃气体达到一定浓度时发生报警信号的器件。

（12）线型探测器：温度达到预定值时，利用两根载流导线间的热敏绝缘物熔化使两根导线接触而动作的火灾探测器。

（13）按钮：用手动方式发出火灾报警信号并且可确认火灾的发生及启动灭火装置的器件。

（14）控制模块（接口）：在总线制消防联动系统中，用于现场消防设备与联动控制器间传递动作信号和动作命令的器件。

（15）报警接口：在总线制消防联动系统中，配接于探测器和报警控制器间，向报警控制器传递火警信号的器件。

（16）报警控制器：能为火灾探测器供电、显示、接受和传递火灾报警信号的报警装置。

（17）联动控制器：能接收由报警控制器传递的报警信号，并对自动消防等装置发出控制信号的装置。

（18）报警联动一体机：能为火灾探测器供电、接收、显示和传递火灾报警信号，又能对自动消防等装置发出控制信号的装置。

（19）重复显示器：在多区域多楼层报警控制系统中，用于某区域某楼层接收探测器发出的火灾报警信号，显示报警探测器位置，发出声光警报信号的控制器。

（20）声光报警装置：亦称为火警声光讯响器或火警声光报警装置，是一种以音响方式和闪光方式发出火灾报警信号的装置。

（21）警铃：以音响方式发出火灾报警信号的装置。

（22）远程控制器：可接收传送控制器发出的信号，对消防执行设备实行远距离控制的装置。

（23）功率放大器：用于消防广播系统中的广播放大器。

（24）消防广播控制柜：在火灾报警系统中集插放音源、功率放大器、输入混合分配器等于一体，可实现对现场扬声器控制，发出火灾报警语音信号的装置。

（25）广播分配器：消防广播系统中对现场扬声器进行分区域控制的装置。

（26）电动防火门：在一定时间内，连同框架能满足耐火稳定性和耐火完整性要求的电动启闭的门。

（27）防火卷帘门：在一定时间内，连同框架能满足耐火稳定性、耐火完整性以及隔热性要求的卷帘。

2.1.4　消防工程施工图常用图例符号

在《建筑给水排水制图标准》（GB/T 50106—2010）中，对消防设施图例符号做出了规定，详见表 2.1。但目前工程实践中，习惯图例符号还在广泛应用。消防工程施工图习惯图例符号见表 2.2。

表 2.1　消防工程施工图图例

序号	名称	图例	备注
1	消火栓给水管	——— XH ———	—
2	自动喷水灭火给水管	——— ZP ———	—
3	雨淋灭火给水管	——— YL ———	—
4	水幕灭火给水管	——— SM ———	—
5	水炮灭火给水管	——— SP ———	—
6	室外消火栓		—
7	室内消火栓（单口）	平面　　系统	白色为开启面
8	室内消火栓（双口）	平面　　系统	—
9	水泵接合器		—
10	自动喷洒头（开式）	平面　　系统	—
11	自动喷洒头（闭式）	平面　　系统	下喷

续表 2.1

序号	名称	图例		备注
12	自动喷洒头（闭式）	平面	系统	上喷
13	自动喷洒头（闭式）	平面	系统	上下喷
14	侧墙式自动喷洒头	平面	系统	—
15	水喷雾喷头	平面	系统	—
16	直立型水幕喷头	平面	系统	—
17	下垂型水幕喷头	平面	系统	—
18	干式报警阀	平面	系统	—
19	湿式报警阀	平面	系统	—
20	预作用报警阀	平面	系统	—

续表2.1

序号	名称	图例	备注
21	雨淋阀	平面　　系统	—
22	信号闸阀		—
23	信号蝶阀		—
24	消防炮	平面　　系统	—
25	水流指示器		—
26	水力警铃		—
27	末端试水装置	平面　　系统	—
28	手提式灭火器		—
29	推车式灭火器		—

注:1.分区管道用加注角标方式表示。

　2.建筑灭火器的设计图例可按现行国家标准《建筑灭火器配置设计规范》(GB 50140—2005)的规定确定。

表2.2　消防工程施工图习惯图例

序号	图例	名称	备注
1	B	火灾报警控制器	—
2	⚡ 或 Y	感烟探测器	《消防技术文件用消防设备图形符号》(GB/T 4327—2008)
3	! 或 W	感温探测器	《消防技术文件用消防设备图形符号》(GB/T 4327—2008)

续表 2.2

序号	图例	名称	备注
4		手动报警装置	《消防技术文件用消防设备图形符号》（GB/T 4327—2008）
5		电源配电箱	—
6		事故照明配电箱	—
7		消防泵	《消防技术文件用消防设备图形符号》（GB/T 4327—2008）
8		水泵接合器	《消防技术文件用消防设备图形符号》（GB/T 4327—2008）
9		报警阀	《消防技术文件用消防设备图形符号》（GB/T 4327—2008）
10		开式喷头	《消防技术文件用消防设备图形符号》（GB/T 4327—2008）
11		闭式喷头	《消防技术文件用消防设备图形符号》（GB/T 4327—2008）
12	FS	水流指示器	—
13	PS	压力开关	—
14	PIS	电触点压力表	—
15	LS	液位开关	—
16		气体探测器	《消防技术文件用消防设备图形符号》（GB/T 4327—2008）
17		感光探测器	《消防技术文件用消防设备图形符号》（GB/T 4327—2008）
18		火灾警铃	《消防技术文件用消防设备图形符号》（GB/T 4327—2008）
19		火灾光显示器	《消防技术文件用消防设备图形符号》（GB/T 4327—2008）
20		火警专用电话	《消防技术文件用消防设备图形符号》（GB/T 4327—2008）
21		诱导灯	—
22		泡沫液罐	《消防技术文件用消防设备图形符号》（GB/T 4327—2008）

续表2.2

序号	图例	名称	备注
23		消火栓	《消防技术文件用消防设备图形符号》（GB/T 4327—2008）
24		泡沫比例混合器	《消防技术文件用消防设备图形符号》（GB/T 4327—2008）
25		泡沫产生器	《消防技术文件用消防设备图形符号》（GB/T 4327—2008）
26		ABC 干粉	《消防技术文件用消防设备图形符号》（GB/T 4327—2008）
27		卤代烷	《消防技术文件用消防设备图形符号》（GB/T 4327—2008）
28		二氧化碳	《消防技术文件用消防设备图形符号》（GB/T 4327—2008）

2.2　消防工程专用设备和材料

2.2.1　火灾自动报警装置

1. 火灾探测器

火灾探测器种类很多,十分常见的有感烟、感温、感光、气体及复合式几大类。

（1）感烟火灾探测器。

感烟火灾探测器根据其结构形状分为线型与点型两种。根据作用原理不同线型火灾探测又分为激光型与红外光线束型。而点型火灾探测器则可分为离子感烟型、电容式感烟型、半导体感烟型和光电感烟型。光电感烟型又分为散光型与减烟型。

（2）感温火灾探测器。

感温火灾探测器根据其结构形状也可分为线型和点型。根据作用原理不同,线型火灾探测器分为定温型和差温型（空气管型）,定温型中分缆式型和多点型;点型感温火灾探测器分为定温型、差温型与定差温型。定温型又分为水银接点型、玻璃球型、易爆合金型、热电偶型、双金属型、半导体型、热敏电阻型;差温型分为水银接点型、玻璃球型、易爆合金型、热电偶型、双金属型、半导体型、热敏电阻型、膜金型;定差温型分为双金属型、热敏电阻型、膜金型。

（3）感光火灾探测器。

感光火灾探测器分为紫外火焰型、红外火焰型。

（4）气体火灾探测器。

气体火灾探测器分为铂丝型、铂钯型、半导体型,而半导体型又分为金属氧化物型、钙钛晶体型、尖晶石型几种类型。

（5）复合式火灾探测器。

复合式火灾探测器分为复合式感烟感温型、红外光束线型感烟感温型、复合式感光感温型与紫外线感光感烟型。

（6）其他火灾探测器。

除上述探测器外，还有漏电流感应型、静电感应型、微差压型以及超声波型。

2. 火灾报警控制器

火灾报警控制器为火灾探测器提供稳定的工作电源，监视探测器与系统自身的工作状态；接受、转换及处理火灾探测器输出的报警信号；进行声光报警；指示火灾报警的具体部位及时间；同时执行相应辅助控制等任务。

火灾报警控制器的分类，如图2.1所示。

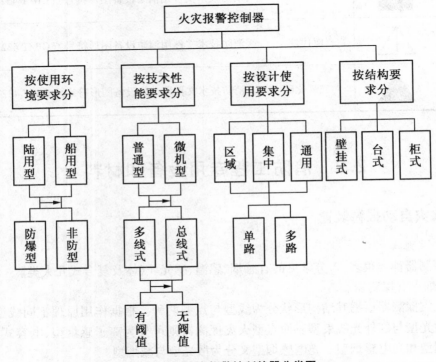

图 2.1 火灾报警控制的器分类图

2.2.2 消火栓灭火系统

1. 消火栓

消火栓是一种带内螺纹接头的阀门，其一端与消防主管相连，另一端与水龙带连接。有室外消火栓与室内消火栓之分。

（1）室外消火栓。

室外消火栓是指一种设置在建筑物外消防给水管网的供水设备。由本体、进水弯管、阀塞、出水口以及排水口等组成。它的作用是向消防车提供消防用水或直接接出水带、水枪进行灭火。按其设置条件可分为地上式消火栓与地下式消火栓；按压力分为低压消火栓与高压消火栓。

（2）室内消火栓。

室内消火栓设置在建筑物内消栓箱之中。主要由水枪、水带、消火栓三部分组成。水枪通常采用直流式，喷口直径有13、16、19 mm，13 mm 和19 mm 口径的分别配50、65 mm 的接口，16 mm 口径配50 mm 或65 mm 的接口。另外，水龙带有麻织和橡胶两种材料。

2. 消防水泵接合器

消防水泵接合器是消防队通过消防车从室外水源取水，向室内管网供水的接口。当建筑物遇大火消防用水不足时，可通过消防水泵接合器将水送入室内消防给水管网，以补充消防用水量的不足。室内消防水泵发生故障时，消防车经室外消火栓取水，通过它将水送至室内消防给水管网。若室内消防用水不足，而消防水泵工作正常时，可通过它将水送至位于建筑物内的消防水池，当室内消防水泵压力不足时，可通过它将水送至室内消防给水管网。

水泵接合器分地上式、地下式、墙壁式三类。

3. 消防水箱

建筑室内消防水箱（包括水塔、气压水罐）是贮存扑救初期火灾所用水的贮水设施，它提供扑救初期火灾的水量及保证扑救初期火灾时灭火设备有必要的水压。按其使用情况消防水箱可分为专用消防水箱，生活、消防共用水箱，生产、消防共用水箱以及生活、生产、消防共用水箱。

2.2.3　自动喷水灭火系统

1. 喷头

（1）闭式喷头。

闭式喷头是自动喷水灭火系统中的关键部件。在系统中它担负着探测火灾、启动系统以及喷水灭火的重要任务。闭式喷头由喷水口、感温释放机构与溅水盘等组成。平时，闭式喷头的喷水口由感温元件所组成的释放机构封闭。当温度达到喷头的公称动作温度范围时，感温元件启动，释放机构脱落，喷头开启。闭式喷头的种类有很多，根据其结构和用途不同分类如下。

1）易熔元件洒水喷头。易熔元件洒水喷头释放机构中的感温元件是由易熔金属或者其他易熔材料制成的元件。目前，易熔元件主要是易熔金属元件。易熔元件洒水喷头具有结构简单、感温比较灵敏、成本低、性能稳定等特点，在各种建筑中广泛安装使用。

易熔元件洒水喷头的公称动作温度分为七档，在喷头轭臂上用将其不同的颜色作标记来表示，见表2.3。

表2.3　**易熔元件喷头温标颜色**

公称动作温度/℃	57～77	80～107	121～149	163～191	201～246	260～343
颜色	本色	白	蓝	红	绿	橙

2）玻璃球洒水喷头。玻璃球洒水喷头释放机构中的感温元件是内装彩色液体的玻璃球，它支撑在喷口与轭臂之间，使喷口保持封闭，当周围温度升高至它的公称动作温度范围时，玻璃球由于内部液体膨胀而炸碎，喷口开启。这种喷头具有抗腐蚀性能良好、体积小、外形美观等特点。喷头公称动作温度分为九档，用玻璃球内液体的不同颜色表示，见表2.4。

表 2.4　玻璃球洒水喷头温标颜色

公称动作温度/℃	57	68	79	141	182	227	260	343
颜色	橙	红	黄	绿	蓝	黑		

（2）水幕喷头。

水幕喷头是开式喷头,这种喷头能将水喷洒成水帘状,将其成组布置时可形成一道水幕。按其构造及用途分为幕帘式、窗口式与檐口式水幕喷头。其口径有 6、8、10、12.7、16 和 19 mm 等。口径为 6、8、10 mm 的水幕喷头称为小型水幕喷头;而口径为 12.7、16、19 mm 的水幕喷头则称为大型水幕喷头。

（3）水雾喷头。

水雾喷头是在一定压力作用下,利用离心或撞击原理将水分解成细小水滴以锥形喷出的喷水部件。水雾喷头可分为中速水雾喷头与高速水雾喷头两种类型。常用水雾喷头的当量直径有 5、6、7、8、9、10、12.7、15、19 和 22 mm。冷却保护常采用小口径喷头(当量直径不超过 8 mm),而灭火用喷头则往往采用大口径喷头。

2. 火灾报警控制器

火灾报警控制器向火灾探测器提供稳定的工作电源,并监视探测器及系统自身的工作状态;接受、转换以及处理火灾探测器输出的报警信号;进行声光报警;指示火灾报警的具体部位及时间;执行相应辅助控制等任务。

火灾报警控制器的分类参见图 2.1。

3 建筑材料与耐火等级

3.1 建筑材料的高温

3.1.1 建筑材料高温性能

在建筑防火方面,研究建筑材料高温下的性能包括下面五个方面。

1. 燃烧性能

燃烧性能包括着火性、火焰传播性、燃烧速度以及发热量等。它指的是建筑材料燃烧或遇火时所发生的一切物理及化学变化,这项性能是由材料表面的着火性和火焰传播性、发热、发烟、炭化、失重以及毒性生成物的产生等特性来衡量的。我国国家标准《建筑材料及制品燃烧性能分级》(GB 8624—2012)将建筑材料的燃烧性能分类见表3.1。表3.2是常用建筑内部装修材料燃烧性能等级划分举例。

表 3.1 燃烧性能的级别和名称

级别	名称	级别	名称
A 级	不燃性建筑材料	B_2 级	可燃性建筑材料
B_1 级	难燃性建筑材料	B_3 级	易燃性建筑材料

2. 力学性能

材料的力学性能指的是材料在不同环境(温度、介质、湿度)下,承受各种外加载荷(拉伸、压缩、弯曲、扭转、冲击以及交变应力等)时所表现出的力学特征。研究材料在高温作用下的力学性能随温度的变化情况,以及建筑结构在火灾高温作用下强度的变化是至关重要的。

3. 发烟性能

材料燃烧时会产生大量的烟雾,它除了会对人身造成危害之外,还严重妨碍人员的疏散行动以及消防扑救工作的进行。在许多火灾中,大量死难者并非是被烧死的,而是因烟气窒息造成的。

4. 毒性性能

在烟气生成的同时,材料燃烧或热解中还会产生一定的毒性气体。据统计,建筑火灾中人员死亡80%为烟气中毒而死,所以对材料的潜在毒性必须加以重视。

5. 隔热性能

在隔绝火灾高温热量方面,材料的导热系数与热容量是两个极为重要的影响因素。此外,材料的膨胀、收缩、变形、裂缝、熔化以及粉化等也对隔热性能有较大的影响。

研究建筑材料在火灾高温下的性能时,要依据材料的种类、使用目的以及作用等具体确定应侧重研究的内容。例如对于砖、石、混凝土以及钢材等材料,由于它们同属无机材料,具有不燃性,所以在研究其高温性能时重点在于高温下的物理力学性能及隔热性能。而对于塑料、木材等材料,因为其为有机材料,具有可燃性,且在建筑中主要用做装修和装饰材料,所以研究其高温性能时的重点则应在于燃烧性能、发烟性能及潜在的毒性性能。

表 3.2　常用建筑内部装修材料燃烧性能等级划分举例

材料类别	级别	材料举例
各部位材料	A	花岗岩、大理岩、水磨石、水泥制品、混凝土制品、石膏板、石灰制品、黏土制品、玻璃、瓷砖、马赛克、钢铁、铝、铜合金等
顶棚材料	B_1	纸面石膏板、纤维石膏板、水泥刨花板、矿棉装饰吸声板、玻璃棉装饰吸声板、珍珠岩装饰吸声板、难燃胶合板、难燃中密度纤维板、岩棉装饰板、难燃木材、铝箔复合材料、难燃酚醛胶合板、铝箔玻璃钢复合材料等
墙面材料	B_1	纸面石膏板、纤维石膏板、水泥刨花板、矿棉板、玻璃棉板、珍珠岩板、难燃胶合板、难燃中密度纤维板、防火塑料装饰板、难燃双面刨花板、多彩涂料、难燃墙纸、难燃墙布、难燃仿花岗岩装饰板、氯氧镁水泥装配式墙板、难燃玻璃钢平板、PVC 塑料护墙板、轻质高强复合墙板、阻燃模压木质复合板材、彩色阻燃人造板、难燃玻璃钢等
	B_2	各类天然木材、木制人造板、竹材、纸制装饰板、装饰微薄木贴面板、印刷木纹人造板、塑料贴面装饰板、聚酯装饰板、复塑装饰板、塑纤板、胶合板、塑料壁纸、无纺贴墙布、墙布、复合壁纸、天然材料壁纸、人造革等
地面材料	B_1	硬 PVC 塑料地板、水泥刨花板、水泥木丝板、氯丁橡胶地板等
	B_2	半硬质 PVC 塑料地板、PVC 卷材地板、木地板、氯纶地毯等
装饰织物	B_1	经阻燃处理的各类难燃织物等
	B_2	纯毛装饰布、纯麻装饰布、经阻燃处理的其他织物等
其他装饰材料	B_1	聚氯乙烯塑料、酚醛塑料、聚碳酸酯塑料、聚四氟乙烯塑料。三聚氰胺、脲醛塑料、硅树脂塑料装饰型材、经阻燃处理的各类织物等。另见顶棚材料和墙面材料内的有关材料
	B_2	经阻燃处理的聚乙烯、聚丙烯、聚氨酯、聚苯乙烯、玻璃钢、化纤织物、木制品等

3.1.2　建筑材料耐火性能

建筑材料受到火灾以后,有的要随着起火燃烧,如纸板和木材;有的是不见火焰的微燃,如含砂石较多的沥青混凝土;有的只会炭化成灰,不起火,如毛毡及经防火处理过的针织品;也有不起火、不微燃、不炭化的砖、石以及钢筋混凝土等。按照燃烧性能可将建筑材料分为三类:

(1)非燃烧材料。

非燃烧材料是指在空气中受到火烧或高温作用时,不起火、不微燃及不炭化的材料,比如金属材料和无机矿物材料。

(2)难燃烧材料。

难燃烧材料是指在空气中受到火烧或高温作用时,难起火、难微燃、难炭化,并且当火源移走后,燃烧或微燃就立即停止的材料。如刨花板和经过防火处理的有机材料。

(3)燃烧材料。

燃烧材料是指在空气中受到火烧或高温作用时,立即起火或微燃,并且在火源移走后,仍能够继续燃烧或微燃的材料,如木材等。

　　建筑材料在火灾情况下,除了燃烧以外,随着火灾温度的升高,部分建筑材料的性能会发生很大的变化。金属材料虽不燃烧,但在温度升高到一定范围,或者说是到达了某一极限温度值时,强度便会大幅度的下降。如钢材在 20 ℃时的强度为 450 MPa,而在 485 ℃时则为278 MPa,几乎降到了前者的 50%,而到了 614 ℃,钢材的强度就只有 70 MPa,失去其承载能力。在高温时,钢材遇水冷却也会变形,致使房屋倒塌,所以没有防火保护层的钢结构是不耐火的。为了提高金属结构的耐火性,所以必须设法推迟构件达到极限温度的时间,其主要的方法是在构件表面粘贴隔热的保护层。

　　混凝土的耐火性主要由它的集料所决定。花岗石集料混凝土在 550 ℃时,因集料碎裂而出现裂纹,石灰石集料混凝土耐火可到 770 ℃,通常来说,由于混凝土结构的热容较大,升温较慢,所以混凝土结构在短时间内是不易被烧坏的。

　　钢筋混凝土是钢筋与混凝土的结合体。温度低于 400 ℃时,两者能够共同受力,而温度升高,钢筋变形过大,受力条件就会受到影响。这与钢筋保护层的厚度有关。厚度大的,耐火时间长。与金属结构相比较,钢筋混凝土结构、砖石结构有着较高的耐火性能。火在短时间内对普通钢筋混凝土及砖石结构的影响不大。但在它们经受高温已经膨胀的表面再受到射水的急剧冷却之后,引起表面收缩,在内胀外缩的情况下,往往使混凝土的表面剥落,同样,砖墙的抹灰或清水墙表面也会遭到破坏。

　　石棉耐高温,是一种良好的隔热材料。石棉水泥,即石棉与水泥混合而成的板材,在均匀受热时,能耐热 700 ~ 750 ℃,但高温时遇水冷却便会立即损坏。

　　花岗石等由不同岩石所组成的石材,遇高热就开裂。而石灰石等单一岩石组成的石材,可耐 800 ~ 900 ℃的高温。

　　普通黏土砖承受 800 ~ 900 ℃的高温时无明显破坏,遇水冷却之后的影响也不太大。空心砖则因各面受热不均,膨胀不已,产生裂缝及表面剥落。

　　窗玻璃在 700 ~ 800 ℃时软化。在 900 ~ 950 ℃时熔融。在火灾情况下,玻璃大多由于膨胀、变形受到窗框的限制,早在 250 ℃左右便开裂,自行破碎了。

　　砂浆抹灰层,作为结构的保护层,当与结构表面结合牢固,厚度达 15 ~ 20 mm 时,能将结构的耐火时间延长 20 ~ 30 min。

　　硅酸盐砖,是由炉渣、粉煤灰以及石灰等加水搅拌蒸养而成的。在 300 ~ 400 ℃时,开始分解,放出二氧化碳,自身开裂,所以不是耐火的材料。

　　石膏板与石膏块,在高温下能大量吸热,是良好的隔热材料。但在高温下容易开裂,遇水破坏。

　　木材,受热后开始蒸发水分,当温度到达 100 ℃以后,开始分解可燃气体,放出少量的热。遇明火点燃,便出现火焰起火燃烧。木材的燃点在于 240 ~ 270 ℃之间。木材在高温作用下超过 400 ℃以后,达到自燃温度,即使不用明火点燃也会自燃。

　　纤维板,燃烧性取决于黏合剂。采用无机黏合剂,得到难燃的纤维板,若采用各种树脂作粘合剂,则随着树脂的不同,得到易燃或难燃的纤维板。

　　复合板,是依据质轻、隔热、高强度及经济性等条件,而设计制造的一种新型板材,是由心材和面材组成的。从防火的要求来说,面材应选用耐火、难燃及导热性差的板材。心材最好要选用难燃、耐热的材料。

塑料,为有机合成的高分子物质,称为合成树脂。塑料制品的优点有很多,如质轻、耐酸碱、不透水以及便于加工成型等,但耐火性能低,如:

1)耐热性能差,实用的极限温度为 60 ~ 150 ℃。在火场上塑料熔化后会到处流淌。

2)易变形,刚性不足。

3)发烟量较大。在阴燃阶段,能放出很浓的烟。起火之后多放出缕缕黑烟,不同程度地含有微量氧化氮、氢氰酸、醛、苯以及氨等有毒气体或蒸气。

3.2　建筑构件的耐火性能

3.2.1　建筑构建的耐火试验

对耐火构件进行耐火试验,研究构件的耐火极限,不仅可以为正确制定和贯彻建筑防火法规提供依据,还可以为提高建筑结构耐火性能和建筑物的耐火等级,降低防火投资,减小火灾损失提供技术措施,同时也与火灾烧损后建筑结构加固工作直接相关。

图 3.1 为标准时间—温度曲线,该曲线最早是由英国提出,后来成为国际上通用的标准耐火实验的升温条件。它是为了方便按照统一方法进行实验,依据数据积累给出的火灾在爆炸后的一种理想状态下的温度与时间的关系曲线。

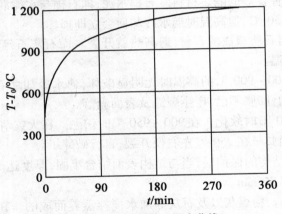

图 3.1　标准时间—温度曲线

耐火试验采用明火进行加热,使试件受到与实际火灾相似的火焰作用。为了模拟一般室内火灾的发展阶段,在试验时,炉内气体的温度按下式控制:

$$T - T_0 = 345 1\mathrm{g}(8t + 1)\qquad\text{(公式 3.1)}$$

式中　t——升温时间,min;

　　　T——t 时刻的炉内温度,℃;

　　　T_0——炉内初始温度,℃,一般在 5 ~ 40 ℃ 范围内。

在试验中,因为多种原因的影响,炉内温度完全按照上式升高是不大可能的,会存在一定的误差。炉温偏离标准升温曲线的偏差 d 按照下式进行计算。

$$d\frac{|A - B|}{B}\times 100\qquad\text{(公式 3.2)}$$

式中　　A——实际平均炉温曲线下的面积；

　　　　B——标准升温曲线下的面积；

　　　　d——偏离标准升温曲线的偏差。

当 $t \leqslant 10$ min 时，要求 $d \leqslant 15\%$；当 $10 < t \leqslant 30$ min 时，要求 $d \leqslant 10\%$；当 $t \geqslant 30$ min 时，要求 $d \leqslant 5\%$。

面积 A、B 的计算方法：试验开始 10 min 内，时间间隔小于 1 min；在 10 ~ 30 min 内，时间间隔小于 2 min；在 30 min 以后，时间间隔小于 5 min。在此时间间隔下，把各间隔内温度曲线下的面积相加即可得到 A、B 面积。

3.2.2　影响建筑构件耐火性能的因素

构件耐火极限的判定条件有：完整性、绝热性与稳定性。所有影响构件这三条性能的因素都会影响构件的耐火极限。

1. 完整性

根据试验结果表明，凡易发生爆裂、局部破坏穿洞以及构件接缝等都可能会影响试件的完整性。当构件混凝土的含水量较大时，受火时易于发生爆裂，会使构件局部穿透，失去完整性。当构件接缝、穿管密封处不严密，或者填缝材料不耐火时，构件也易于在这些部位形成穿透性裂缝而失去完整性。

2. 绝热性

影响构件绝热性的因素主要有两个：材料的导温系数与构件厚度。材料导温系数越大，热量就越易于传到背火面，所以绝热性就越差；反之则好。因为金属的导温系数比混凝土、砖要大得多，所以墙体或楼板当有金属管道穿过时，热量会由管道传向背火面而致使失去绝热性。因为热量是逐层传导，所以当构件厚度较大时，背火面达到某一温度的时间长，其绝热性好。

3. 稳定性

凡影响构件高温承载力的因素均会影响构件的稳定性。

（1）构件材料的燃烧性能。

可燃材料构件因其本身发生燃烧，截面不断削弱，承载力不断降低。当构件自身承载力小于有效荷载作用下的内力时，构件被破坏而失去稳定性。所以木材承重构件的稳定性总是比钢筋混凝土构件要差。

（2）有效荷载量值。

所谓有效荷载指的是试验时构件所承受的实际重力荷载。有效荷载大时，产生的内力大，构件失去承载力的时间短，因而耐火性差；反之则好。

（3）钢材品种。

不同的钢材，在温度作用下强度降低系数也不同。普通低合金钢优于普通碳素钢，普通碳素钢要优于冷加工钢，而高强钢丝则最差。所以配置 16Mn 钢的构件稳定性较好，而预应力构件（多配冷拉钢筋或高强钢丝）最差。

（4）实际材料强度。

由于钢材及混凝土的强度受各种因素的影响，是一种随机变量。构件材料实际测定强度高者，耐火性好；反之则差。

（5）截面形状与尺寸。

圆形构件截面上为一维热传导，温度较低，耐火性较好；而矩形截面上热量则为二维传导，温度较高，耐火性差。同为矩形截面，当截面周长与截面面积之比大者，截面接受热量多，内部温度高，耐火性较差；反之则好。矩形截面宽度小者，高温易于损伤内部材料，耐火性较差；反之则好。截面尺寸越大，热量就越不易传进内部，耐火性就越好；反之则差。

（6）配筋方式。

当截面双层配筋或大直径钢筋配于中部，小直径钢筋配于角部时，内层或中部钢筋温度低，强度高，耐火性就越好；反之则差。

（7）配筋率。

柱子配筋率高者，耐火性差。因为钢材强度降低幅度大于混凝土。

（8）表面保护。

当构件表面设有非燃性保护层时，如抹灰、喷涂防火涂料等，构件温度低，耐火性好。

（9）受力状态。

轴心受压柱耐火性优于小偏心受压柱，小偏心受压柱优于大偏心受压柱。这是因为钢材和混凝土在温度作用下强度降低系数不同。

（10）支撑条件和计算长度。

连续梁或框架梁受火后会产生塑性变形内力重分布现象，因此耐火性大大优于简支梁。柱子计算长度越大，纵向弯曲作用越明显，耐火性就越差；反之则好。

3.2.3　建筑构建的耐火极限要求

构件的耐火极限是通过构件耐火试验的结果，并结合材料及施工质量等因素来确定的。设计中必须按照构件耐火极限的要求选用适宜的材料和构造。一、二级耐火等级建筑物构、配件的燃烧性能和耐火极限要求见表3.3。

表3.3　建筑物构件、配件的燃烧性能和耐火极限表

构件名称		耐火等级			
		一级	二级	三级	四级
墙	防火墙	不燃烧体4.00	不燃烧体4.00	不燃烧体4.00	不燃烧体4.00
	承重墙，楼梯间、电梯井的墙	不燃烧体3.00	不燃烧体2.50	不燃烧体2.50	难燃烧体0.50
	非承重外墙，疏散走道两侧的隔墙	不燃烧体1.00	不燃烧体1.00	不燃烧体0.50	难燃烧体0.25
	房间隔墙	不燃烧体0.75	不燃烧体0.50	难燃烧体0.50	难燃烧体0.25
柱	支撑多层的柱	不燃烧体3.50	不燃烧体2.50	不燃烧体2.50	难燃烧体0.50
	支撑单层的柱	不燃烧体2.50	不燃烧体2.00	不燃烧体2.00	燃烧体
梁		不燃烧体2.00	不燃烧体1.50	不燃烧体1.00	难燃烧体0.50
楼板		不燃烧体1.50	不燃烧体1.00	不燃烧体0.50	难燃烧体0.25
屋顶承重构件		不燃烧体1.50	不燃烧体0.50	燃烧体	燃烧体
疏散楼梯		不燃烧体1.50	不燃烧体1.00	不燃烧体1.00	燃烧体
吊顶（包括吊顶隔栅）		不燃烧体0.25	难燃烧体0.25	难燃烧体0.15	燃烧体

注：1. 以木柱承重且以非燃烧材料作为墙体的建筑物，其耐火等级应按四级确定。

　　2. 高层工业建筑的预制钢筋混凝土装配式结构，其节点缝隙或金属承重构件节点的外露部位，应做防火保护层，其耐火极限不应低于本表相应构件的规定。

3. 二级耐火等级的建筑物吊顶,如采用非燃烧体时,其耐火极限不限。

4. 在二级耐火等级的建筑中,面积不超过 100 m^2 的房间隔墙,如执行本表的规定有困难时,可采用耐火极限不低于 0.3 h 的非燃烧体。

5. 一、二级耐火等级民用建筑疏散走道两侧的隔墙,按本表规定执行有困难时,可采用 0.75 h 非燃烧体。

以木柱承重并且以非燃烧材料作为墙体的建筑物,其耐火等级应按四级确定。

高层工业建筑的预制钢筋混凝土装配式结构,其节点缝隙或金属承重构件节点的外露部位,应采取防火保护层措施,其耐火极限不应低于本表相应构件的规定。

二级耐火等级的建筑物吊顶,当采用非燃烧体时,其耐火极限不限。

在二级耐火等级的建筑中,其面积不超过 100 m^2 房间的隔墙,可采用耐火极限不低于 0.5 h 的难燃烧体或者是耐火极限不低于 0.3 h 的非燃烧体。

一、二级耐火等级民用建筑疏散走道两侧的隔墙,可采用 0.75 h 非燃烧体。

二级耐火等级的多层及高层工业建筑内储存可燃物的平均质量超过 200 kg/m^2 的房间,其梁、楼板的耐火极限应满足一级耐火等级的要求,但设有自动灭火设备时,其梁、楼板的耐火极限仍可按照二级耐火等级的要求。

承重构件为非燃烧体的工业建筑(甲、乙类库房和高层库房除外),当其非承重外墙为非燃烧体时,其耐火极限可降低至 0.25 h,当为难燃烧体时,可降低至 0.5 h。

二级耐火等级建筑的楼板(高层工业建筑的楼板除外),若耐火极限达到 1 h 有困难时,则可降低到 0.5 h。

二级耐火等级建筑的上人平屋顶,其屋面板的耐火极限不应低于 1 h。

二级耐火等级建筑的屋顶若采用耐火极限不低于 0.5 h 的承重构件有困难时,则可采用无保护层的金属构件。但应在甲、乙、丙类液体火焰能烧到的部位,采取防火保护措施。

3.2.4　提高构件耐火极限的措施

提高构件耐火极限的措施可以采取下列措施。

(1)处理好构件接缝构造,防避免发生穿透性裂缝。

(2)使用热导率低的材料,或增大构件厚度以提高构件隔热性。

(3)构件表面抹灰或喷涂防火材料。

(4)使用非燃性材料。

(5)加大构件截面,主要是加大宽度。

(6)配置综合性能好、具有较高强度和良好的塑性、韧性的钢材料,将粗钢筋配于截面中部或构件内层,细钢筋配于角部或构件外层;梁则采用相对较细、根数较多的钢筋。

(7)柱子和连续梁可提高混凝土强度等级,其余承重构件可提高材料强度等级。

(8)改变构件支撑条件,增加多余的约束,做成超静定形式。

3.3 建筑物耐火等级

3.3.1 耐火等级定义和作用

耐火等级是用以衡量建筑物耐火程度的分级标准。规定建筑物的耐火等级是建筑设计防火技术措施中最基本的措施之一。对于不同性质、不同类型的建筑物,提出不同的耐火等级要求,可做到既有利于消防安全,又可有利于节约基本建设投资。

建筑物具有较高的耐火等级,可以起到下列几方面作用:在建筑物发生火灾时,确保其在一定的时间内不破坏,不传播火灾,延缓以及阻止火势的蔓延;为人们安全疏散提供必要的时间条件,保证建筑物内的人员能够安全脱险;为消防人员扑救火灾创造条件;为建筑物在火灾后修复重新使用提供可能。

火灾实例说明,耐火等级高的建筑物,其发生火灾的次数少,而火灾时被火烧坏及倒塌的可能也很小;而耐火等级低的建筑,发生火灾概率大,火灾中往往容易被烧坏,导致局部或整体倒塌,火灾损失大。对于不同类型及性质的建筑提出不同的耐火等级要求。可做到既有利于消防安全,又有利于节约基本建设投资。建筑物具有较高的耐火等级,可以起到下列几方面的作用。

(1)在建筑物发生火灾时,能够确保其能在一定的时间内不破坏,不传播火灾,延缓以及阻止火势的蔓延。

(2)为人们安全疏散提供必要的疏散时间,保证建筑物内人员能够安全脱险。建筑物层数越多,疏散到地面的路程就越长,所需疏散时间也愈长。为了保证建筑物内人员安全疏散,在设计中除了要周密地考虑完善的安全疏散设施之外,还要做到承重构件具有足够的耐火能力。

(3)为消防人员扑救火灾创造有利条件。扑救建筑火灾时,消防人员往往要进入建筑物内进行扑救。若其主体结构没有足够的抵抗火烧的能力,则在较短时间内发生局部或全部破坏、倒塌现象,不仅会给消防扑救工作造成许多困难,而且极有可能造成重大伤亡事故。

(4)为建筑物火灾后重新修复使用提供有利条件。在通常情况下,若建筑物主体结构耐火能力越好,抵抗火烧时间就越长,则其火灾时破坏少,灾后的修复也就越快。如巴西"安得斯"大楼为钢筋混凝土框架结构,大火延烧了十几个小时,其内部装修和其他可燃物品全部烧光,但其主体结构基本完好。又如韩国"大然阁"旅馆,其主体结构是型钢框架外包混凝土的劲性钢结构,采用钢筋混凝土楼板。在发生火灾后,大火延烧了 8 个多小时,其主体结构依然完好。而这两座高层建筑在事后都进行了修复,得以重新使用。

3.3.2 建筑物耐火等级划分

1. 一般民用建筑物耐火等级的分级标准

各类建筑因其使用性质、重要程度、规模大小、层数高低、火灾危险性均存在差异,所要求的耐火程度也就应有所不同。

建筑物耐火等级是由组成建筑物的墙、柱、梁、楼板、屋顶承重构件以及吊顶等主要建筑构件的燃烧性能和耐火极限决定的。根据我国建筑设计、施工及建筑结构的实际情况,并考虑到今后建筑的发展趋势,将建筑物的耐火等级划分成为四个级别,见表 3.4。建筑物所要求的耐火等级确定之后,其各种建筑构件的燃烧性能及耐火极限均不应低于表中相应耐火等级的规定。

表 3.4 民用建筑的耐火等级分类表

耐火等级	最多允许层数	防火分区的最大允许建筑面积/m²	备注
一、二级	9层及9层以下的居住建筑(包括设置商业服务网点的居住建筑)	2 500	①体育馆、剧院的观众厅,展览建筑的展厅,其防火分区最大允许建筑面积可适当放宽 ②托儿所、幼儿园的儿童用房和儿童游乐厅等儿童活动场所不应超过三层或设置在四层及四层以上楼层或地下、半地下建筑(室)内
三级	5层	1 200	①托儿所、幼儿园的儿童用房和儿童游乐厅等儿童活动场所、老年人建筑和医院、疗养院的住院部分不应超过二层或设置在三层及三层以上楼层或地下、半地下建筑(室)内 ②商店、学校、电影院、剧院、礼堂、食堂、菜市场不应超过二层或设置在三层及三层以上楼层
四级	2层	600	学校、食堂、菜市场、托儿所、幼儿园、老年人建筑、医院等不应该设置在二层
	地下、半地下建筑(室)	500	—

2. 高层民用建筑的耐火等级

(1)高层民用建筑的划分。

我国《高层民用建筑设计防火规范》(2005版)(GB 50045—1995)规定,高层民用建筑是指10层及10层以上的居住建筑(包括首层设置商业服务网点的住宅);建筑高度超过24 m,且层数为2层及2层以上的其他民用建筑。

建筑高度是指建筑物室外地面到其檐口或屋面面层的高度,屋顶上的瞭望塔、水箱间、电梯机房、排烟机房以及楼梯出口小间等不计入建筑高度和层数之内;若住宅建筑的地下室、半地下室的顶板面高出室外地面不超过1.5 m时,也不计入层数内。

(2)高层建筑的火灾特点。

在防火条件相同的情况下,高层建筑火灾危害性要比低层建筑大,而且发生火灾后容易造成重大的损失与伤亡,其火灾特点主要有四个方面。

1)火势蔓延途径多,且速度快。

2)安全疏散较困难。

3)扑救难度大。

4)功能复杂,起火因素多。

综上所述,高层建筑的火灾危险性是非常严重的,一旦发生火灾将损失惨重。为了确保其消防安全,在高层建筑设计中,必须认真贯彻执行"以防为主,防消结合"的消防工作方针,针对火灾蔓延快、危害大和疏散、扑救困难等特点,结合实际情况,积极创造有利条件,在防火设计中采用先进的防火技术,消除和减少起火因素,在其一旦发生火灾时,能够及时有效地扑救,以减少损失。

（3）高层民用建筑耐火等级的划分。

依据高层民用建筑防火安全的需要和高层建筑结构的现实情况，将高层民用建筑的耐火等级分为两级，见表3.5。

表3.5　高层民用建筑构件的燃烧性能和耐火极限

构件名称		耐火等级	
		一级	二级
墙	防火墙	不燃烧体 3.00	不燃烧体 3.00
	承重墙，楼梯间、电梯井和住宅单元之间的墙	不燃烧体 2.00	不燃烧体 2.00
	非承重外墙，疏散走道两侧的隔墙	不燃烧体 1.00	不燃烧体 1.00
	房间隔墙	不燃烧体 0.75	不燃烧体 0.50
柱		不燃烧体 3.00	不燃烧体 2.50
梁		不燃烧体 2.00	不燃烧体 1.50
楼板、疏散楼梯、屋顶承重构件		不燃烧体 1.50	不燃烧体 1.00
吊顶（包括吊顶隔栅）		不燃烧体 0.25	难燃烧体 0.25

（4）高层民用建筑耐火等级。

高层民用建筑耐火等级的选定是在高层建筑分类的基础上进行的，见表3.6。

表3.6　高层民用建筑分类

项目	一类	二类
居住建筑	高级住宅 19 层及 19 层以上的普通住宅	10 ~ 18 层的普通住宅
公共建筑	医院 高级旅馆 建筑高度超过 50 m 或每层建筑面积超过 1 000 m² 的商业楼、展览楼、综合楼、电信楼、财贸金融楼 建筑高度超过 50 m 或每层建筑面积超过 1 500 m² 的商住楼 中央级和省级（含计划单列市）广播电视楼 网局级和省级（含计划单列市）电力调度楼 省级（含计划单列市）邮政楼、防灾指挥调度楼 藏书超过 100 万册的图书馆、书库 重要的办公楼、科研楼、档案楼 建筑高度超过 50 m 的教学楼和普通的旅馆、办公楼、科研楼、档案楼等	除一类建筑以外的商业楼、展览楼、综合楼、电信楼、财贸金融楼、商住楼、图书馆、书库 省级以下的邮政楼、防灾指挥调度楼、广播电视楼、电力调度楼 建筑高度不超过 50 m 的教学楼和普通的旅馆、办公楼、科研楼

依据高层民用建筑类别，《高层民用建筑设计防火规范》（2005 版）（GB 50045—1995）对选定耐火等级作了如下规定，耐火设计时应严格执行。

1）一类高层建筑的耐火等级应为一级。二类高层建筑的耐火等级不应低于二级。

2）裙房的耐火等级不应低于二级，高层建筑地下室的耐火等级应为一级。

在选定了建筑物的耐火等级后，必须保证建筑物的所有构件均符合该耐火等级对构件耐火极限和燃烧性能的要求。

3.厂房(仓库)的耐火等级

(1)厂房(仓库)火灾危险性分类。

生产的火灾危险性应根据生产中使用或产生的物质性质及其数量等因素,分为甲、乙、丙、丁、戊类,并应符合表 3.7 的规定。

表 3.7 生产的火灾危险性分类表

生产类别	火灾危险性特征	
	项别	使用或生产下列物质的生产
甲	1	闪点小于 28 ℃的液体
	2	爆炸下限小于 10%的气体
	3	常温下能自行分解或在空气中氧化能导致迅速自燃或爆炸的物质
	4	常温下受到水或空气中的水蒸气的作用,能产生可燃气体并引起燃烧或爆炸的物质
	5	遇酸、受热、撞击、摩擦、催化以及遇有机物或硫黄等易燃的无机物,极易引起燃烧或爆炸的强氧化剂
	6	受撞击、摩擦或氧化剂、有机物接触时能引起燃烧或爆炸的物质
	7	在密闭设备内操作温度大于等于物质本身自燃点的生产
乙	1	闪点大于等于 28 ℃,但小于 60 ℃的液体
	2	爆炸下限大于等于 10%的气体
	3	不属于甲类的氧化剂
	4	不属于甲类的化学易燃危险固体
	5	助燃气体
	6	能与空气形成爆炸型混合物的浮游状态的粉尘、纤维、闪点大于等于 60 ℃的液体雾滴
丙	1	闪点大于等于 60 ℃的液体
	2	可燃固体
丁	1	对不燃烧物质进行加工,并在高温或融化状态下经常产生前辐射热火花或火焰的生产
	2	利用气体、液体、固体作为燃料或将气体、液体进行燃烧作其他用时各种生产
	3	常温下使用或加工难燃烧物质的生产
戊		常温下使用或加工不燃烧物质的生产

同一座厂房或厂房的任一防火分区内有不同的火灾危险性生产时,该厂房或防火分区内的生产火灾危险性分类应按火灾危险性较大的部分确定。当满足下述条件之一时,可按火灾危险性较小的部分确定:

1)火灾危险性较大的生产部分的面积占本层或本防火分区面积的比例小于5%或者丁、戊类厂房内的油漆工段小于10%,并且在发生火灾事故时不足以蔓延至其他部位或火灾危险性较大的生产部分已采取了有效的防火措施。

2)丁、戊类厂房内的油漆工段,当采用封闭喷漆工艺,封闭喷漆空间内保持负压、油漆工段安装可燃气体自动报警系统或自动抑爆系统,且油漆工段占其所在防火分区面积的比例小于等于20%。

3)储存物品的火灾危险性应依据储存物品的性质和储存物品中的可燃物数量等因素,分为甲、乙、丙、丁、戊类,并应符合表 3.8 的规定。

表3.8　储存物品的火灾危险性分类表

仓库类别	项别	火灾危险性特征
		储存物品的火灾危险性特征
甲	1	闪点小于28 ℃的液体
	2	爆炸下限小于10%的气体,以及受到水或空气中的水蒸气的作用能产生爆炸下限小于10%气体的固体物质
	3	常温下能自行分解或在空气中氧化能导致迅速自燃或爆炸的物质
	4	常温下受到水或空气中的水蒸气的作用,能产生可燃气体并引起燃烧或爆炸的物质
	5	遇酸、受热、撞击、摩擦以及遇有机物或硫黄等易燃的无机物,极易引起燃烧或爆炸的强氧化剂
	6	受撞击、摩擦或氧化剂、有机物接触时能引起燃烧或爆炸的物质
乙	1	闪点大于等于28 ℃,但小于60 ℃的液体
	2	爆炸下限大于等于10%的气体
	3	不属于甲类的氧化剂
	4	不属于甲类的化学易燃危险固体
	5	助燃气体
	6	常温下与空气接触能缓慢氧化、积热不散引起自燃的物品
丙	1	闪点大于等于60 ℃的液体
	2	可燃固体
丁		难燃烧物品
戊		不燃烧物品

4)同一座仓库或仓库的任一防火分区内存放不同火灾危险性物品时,该仓库或防火分区的火灾危险性应按照其中火灾危险性最大的类别确定。

5)丁、戊类储存物品的可燃包装质量大于物品本身质量1/4的仓库,其火灾危险性应按丙类级别确定。

(2)厂房(仓库)的耐火等级与构件的耐火极限。

1)厂房(仓库)的耐火等级可分为一、二、三、四级。其构件的燃烧性能及耐火极限除相关规范另有规定者外,不应低于表3.9的规定。

2)甲、乙类厂房和甲、乙、丙类仓库建筑中的防火墙,其耐火极限应按表3.8的规定提高1.00 h。

表3.9　厂房(仓库)建筑构件的燃烧性能和耐火极限/h

名称		耐火等级			
构件		一级	二级	三级	四级
墙	防火墙	不燃烧体3.00	不燃烧体3.00	不燃烧体3.00	不燃烧体3.00
	承重墙	不燃烧体3.00	不燃烧体2.50	不燃烧体2.00	不燃烧体0.50
	楼梯间和电梯井的墙	不燃烧体2.00	不燃烧体2.00	不燃烧体1.50	不燃烧体0.50
	疏散走道两侧的隔墙	不燃烧体1.00	不燃烧体1.00	不燃烧体0.50	难燃烧体0.25
	非承重墙	不燃烧体0.75	不燃烧体0.50	难燃烧体0.50	难燃烧体0.25
	房间隔墙	不燃烧体0.75	不燃烧体0.50	难燃烧体0.50	难燃烧体0.25
柱		不燃烧体3.00	不燃烧体2.50	不燃烧体2.00	难燃烧体0.50

续表3.9

名称	耐火等级			
构件	一级	二级	三级	四级
梁	不燃烧体2.00	不燃烧体1.50	不燃烧体1.00	难燃烧体0.50
楼板	不燃烧体1.50	不燃烧体1.00	不燃烧体0.75	难燃烧体0.50
屋顶承重构件	不燃烧体1.50	不燃烧体1.00	难燃烧体0.50	燃烧体
疏散楼梯	不燃烧体1.50	不燃烧体1.00	不燃烧体0.75	燃烧体
吊顶(包括吊顶隔栅)	不燃烧体0.25	难燃烧体0.25	难燃烧体0.15	燃烧体

注:二级耐火等级建筑的吊顶采用不燃烧体时,其耐火极限不限。

3)一、二级耐火等级的单层厂房(仓库)的柱,其耐火极限可按照相关的规定降低0.50 h。

4)安装自动灭火系统的单层丙类厂房以及丁、戊类厂房(仓库)等二级耐火等级建筑的梁、柱可采用无防火保护的金属结构,其中可能受到甲、乙、丙类液体或可燃气体火焰影响的部位,应采取外包敷不燃材料或其他防火隔热保护措施加以保护。

5)一、二级耐火等级建筑的非承重外墙应符合以下规定:

①除甲、乙类仓库和高层仓库外,当非承重外墙采用不燃烧体时,其耐火极限不应低于0.25 h;当采用难燃烧体时,不应低于0.50 h;

②4层及4层以下的丁、戊类地上厂房(仓库),当非承重外墙采用不燃烧体时,其耐火极限不限;当非承重外墙采用难燃烧体的轻质复合墙体时,其表面材料应为不燃材料、内填充材料的燃烧性能不应低于B_2级。B_1、B_2级材料应符合现行国家标准《建筑材料及制品燃烧性能分级》(GB 8624—2012)的有关要求。

6)二级耐火等级厂房(仓库)中的房间隔墙,若采用难燃烧体,其耐火极限应提高0.25 h。

7)二级耐火等级的多层厂房或多层仓库中的楼板,当采用预应力及预制钢筋混凝土楼板时,其耐火极限不应低于0.75 h。

8)一、二级耐火等级厂房(仓库)的上人平屋顶,其屋面板的耐火极限分别不应低于1.50 h与1.00 h。

一级耐火等级的单层、多层厂房(仓库)中当采用自动喷水灭火系统进行全保护时,其屋顶承重构件的耐火极限不应低于1.00 h。

二级耐火等级厂房的屋顶承重构件可选用无保护层的金属构件,其中可能受到甲、乙、丙类液体火焰影响的部位应采取防火隔热保护措施。

9)一、二级耐火等级厂房(仓库)的屋面板材料应采用不燃烧材料,但其屋面防水层和绝热层可采用可燃材料;当丁、戊类厂房(仓库)不超过4层时,其屋面材料可采用难燃烧体的轻质复合屋面板,但该板材的表面材料应为不燃烧材料,而其内填充材料的燃烧性能不应低于B2级。

10)除以上规定之外,以木柱承重且以不燃烧材料作为墙体的厂房(仓库),其耐火等级应按四级确定。

11)在预制钢筋混凝土构件的节点外露的部位,应采取防火保护措施,且该节点的耐火极限不应低于相应构件的规定。

4 建筑防火与安全疏散

4.1 防火分区和防烟分区

4.1.1 防火分区

防火分区,从广义上来讲,是把具有较高耐火极限的墙体和楼板等构件作为一个区域的边界构件划分出来的,能在一定时间内将火势控制在一个特定范围内,从而阻止火势向同一建筑的其他区域蔓延的防火单元。如果建筑物内某一个房间失火,因为燃烧产生的对流热、辐射热和传导热使火灾很快蔓延到周围区域,最终造成整个建筑物起火。所以,在建筑设计中合理地进行防火分区,不仅能有效控制火势的蔓延以便于人员的疏散和扑灭火灾,还可以减少火灾造成的损失,保护国家和人民的财产安全。

防火分区根据其功能可以划分为水平防火分区与竖向防火分区两类。水平防火分区是指在同一水平面内,依靠防火分隔物(防火墙或防火门、防火卷帘)将建筑平面分为若干防火分区或防火单元,目的是预防火灾在水平方向上扩大蔓延;而竖向防火分区则是指上、下层分别用耐火极限不低于 1.50 h 或 1.00 h 的楼板或窗间墙(两上、下窗之间的距离不小于 1.2 m 的墙)等构件进行防火分隔,目的是预防多层或高层建筑的层与层之间发生竖向火灾蔓延。

1. 水平防火分区

水平防火分区是指在同一水平面内,利用防火分隔物将建筑平面分为若干防火分区或防火单元,如图 4.1 所示。水平防火分区通常是由防火墙壁、防火卷帘、防火门及防火水幕等防耐火非燃烧分隔物来达到防止火焰蔓延的目的。在实际设计中,当某些建筑的使用空间要求较大时,可以通过采用防火卷帘加水幕的方式,或者增设自动报警、自动灭火设备来满足防火安全要求。水平防火分区无论是对一般民用建筑、高层建筑、公共建筑,还是对厂房、仓库都是非常有效的防火措施。

图 4.1 水平防火分区示意图

2. 竖向防火分区

建筑物室内火灾不仅可以在水平方向上蔓延,而且还可以通过建筑物楼板缝隙、楼梯间等各种竖向通道向上部楼层延烧,可以采用竖向防火分区方法阻止火势竖向蔓延。竖向防火分区指上、下层分别用耐火极限不低于 1.5 h 或 1 h 的楼板等构件进行防火分隔,如图 4.2 所示。一般来说,竖向防火将每一楼层作为一个防火分区。对住宅建筑而言,上下楼板大多为非燃烧体的钢筋混凝土板,它完全可以阻止火灾的蔓延,可以起到防火分区的作用。

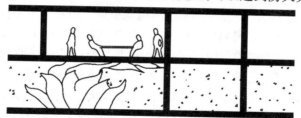

图 4.2　竖向防火分区示意图

4.1.2　防火分隔措施

防火分区的分割设施就是指防火分区间的能够确保在一定时间内阻燃的边缘构建及设施,主要包括防火墙、防火门、防火窗、防火卷帘、耐火楼板以及防火水幕带等。防火分割设施可以阻止火势由外部向内部或由内部向外部,或者在内部之间蔓延,这为扑救火灾创造良好条件。

防火分隔设施可以分为两类:一种是固定式的,比如普通的砖墙、楼板、防火墙、防火悬墙、防火墙带等;另一种则是可以开启和关闭的,比如防火门、防火窗、防火卷帘、防火吊顶、防火幕等。在防火分区之间应采用防火墙进行分隔,若布置防火墙有困难时,可采用防火水幕带或者防火卷帘进行分隔。

1.防火窗

防火窗是一种采用钢窗框、钢窗扇及防火玻璃(防火夹丝玻璃或防火复合玻璃)而制成的能够阻止或隔离火势蔓延的窗。它不仅具有一般窗的功效,更具有隔火、隔烟的特殊功能。按其构造防火窗可分为单层钢窗和双层钢窗,耐火极限分别为 0.7 h 和 1.2 h。

按照其安装方法的不同防火窗可分为固定防火窗和活动防火窗两种。固定防火窗的窗扇不能开启,平时可以起到采光及遮挡风雨的作用,当发生火灾时能起到隔火、隔热以及阻烟的作用。活动防火窗的窗扇可以开启,在起火时可以自动关闭。为了使防火窗的窗扇能够开启和关闭自如,需要安装自动与手动两种开关装置。按其耐火极限防火窗可分为甲级、乙级、丙级三种。甲级防火窗的耐火极限为 1.2 h,乙级防火窗的耐火极限为 0.9 h,而丙级的则为 0.6 h。防火窗的选用相同于防火门,凡是需设置甲级防火门且有窗处,均应选用甲级防火窗;需设置乙级防火门且有窗处,均应选用乙级防火窗。

2.防火卷帘

防火卷帘是一种关闭严密、不占空间、开启方便的较现代化的防火分隔物,它有可以实现自动控制以及可以与报警系统联动的优点。防火卷帘与一般卷帘在性能要求上存在根本的区别是:它具备必要的非燃烧性能、耐火极限以及防烟性能。

(1)防火卷帘的分类和构造

防火卷帘按其耐火时间可分为普通型防火卷帘门和复合性防火卷帘门两种。前者耐火时间有 1.5 h 和 2 h 两种,而后者的耐火时间有 2.5 h 和 3 h 两种。防火卷帘按帘板构造分为普通型钢质防火卷帘与复合型钢质防火卷帘两种。其中前者帘板由单片钢板制成,耐火极限有 2.5 h 和 3 h 两种。而后者帘板则由双片钢板制成,中间加隔热材料,耐火极限有 2.5 h 和

3 h 两种。防火卷帘还可按帘板厚度的不同分为轻型卷帘和重型卷帘。其中轻型卷帘由厚度为 0.5 ~ 0.6 mm 的钢板制成,而重型卷帘由厚度为 1.5 ~ 1.6 mm 的钢板制成。

防火卷帘由帘板、导轨、传动装置以及控制机构组成。帘板是卷帘门门帘的组成零件,常由 A3 钢、A3F 钢或不锈钢等材料制成,其两端嵌入导轨装配成门帘后,就不允许有孔或缝隙的存在。导轨按安装设计需要的不同,区分为外露形与隐蔽埋藏形两种,所使用的材料应为不燃材料。导轨的滑动面应光滑平直,使门帘在导轨内运行顺畅、平稳,且不产生碰撞冲击现象。传动装置是防火卷帘门的驱动启闭机构,除了要具有耐用性、可靠的制动性以及简单方便的控制性能外,最重要的是要有一定的启闭速度,这对确保人员的安全疏散起着积极的作用。一般规定:门洞口高度超过 5 m 时,启闭速度应在 3 ~ 9 m/min 之间;门洞口高度在 5 m 以内时,启闭速度应在 2.5 ~ 6.5 m/min 之间;门洞口高度在 2 m 以内时,启闭速度应在 2 ~ 6 m/min 之间。控制机构主要是指自动控制电源、保险装置及电器按钮等,每樘防火卷帘门均装设两套按钮,即门洞内、外各一套。

(2)防火卷帘的选用。

对于公共建筑中不便于设置防火墙或防火分隔墙的地方,最好使用防火卷帘,以便将大厅分隔成若干较小的防火分区。在穿堂式建筑物内,可在房间之间的开口处安装上下开启或横向开启的卷帘。在多跨的大厅内,可将卷帘固定在梁底下,以柱为轴线,形成一道临时性的防火分隔措施。在安装防火卷帘时,应防止与建筑洞口处的通风管道、给排水管道及电缆电线管等干扰,在洞口处应留有足够的空间进行卷帘门的就位及安装。若用卷帘代替防火墙,则其两侧应设置水幕系统保护,或采用耐火极限不小于 3 h 的复合防火卷帘。安装在疏散走道和前室的防火卷帘,最好应同时具有自动、手动以及机械控制的功能。

3.防火门

防火门除具有普通门的功效外,还具有能保证一定时限的耐火、防烟隔火等特殊的功能,通常用在建筑物的防火分区以及重要防火区域,能在一定程度上防止火灾的蔓延,并能确保人员的疏散。

(1)防火门的分类。

根据耐火极限防火门可分为三种:甲级、乙级和丙级。甲级防火门耐火极限不低于 1.2 h,乙级防火门耐火极限不低于 0.9 h,而丙级防火门耐火极限不低于 0.6 h。甲级防火门通常用于防火分区中,作为水平防火分区的分隔设施;乙级防火门用于疏散楼梯间的分隔;而丙级防火门则用于管道井等的检修门上。按其材质防火门可分为木质防火门、钢质防火门和复合材料防火门三类;按开启方式分为平开防火门和推拉防火门两类;按门扇的做法及构造可分为带上亮窗和不带上亮窗的防火门、镶玻璃以及不镶玻璃的防火门等。

(2)防火门的一般要求。

防火门是一种活动的防火阻隔设施,不仅要求其具备较高的耐火极限,还应符合启闭性能好、密闭性能好的特点。对于民用建筑还应保持其美观、质轻等特点。

为了保证防火门在火灾时能够自动关闭,通常采用自动关门装置,如弹簧自动关门装置和与火灾探测器联动、由防灾中心遥控操纵的自动关闭防火门。

安装在防火墙上的防火门宜做成自动兼手动的平开门或推拉门,并且能够关门后从门的任何一侧用手开启,亦可在门上开设便于通行的小门。用于疏散通道的防火门,宜做成带闭门器的防火门,开启方向应同疏散方向一致,以便于紧急疏散后门能自动关闭,避免火灾的蔓延。

（3）防火门的选用。

防火门的选用一定要依据建筑物的使用性质、火灾的危险性以及防火分区的划分等因素来确定。通常情况下，防火墙上的防火门必须采用甲级防火门，耐火极限不低于 1.2 h，且在防火门上方不需再开设门窗洞口。地下室、半地下室楼梯间的防火墙上的门洞，也应选用甲级防火门。而对于附设在高层民用建筑或裙房内的设备室、通风、空调机房等，则应采用具有一定耐火极限的隔墙，而用于与其他部位相隔开，隔墙的门应采用甲级防火门。

安装疏散楼梯间的防火门应采用耐火极限不小于 0.9 h 的乙级防火门；消防电梯前室的门、防烟楼梯间及通向前室的门、高层建筑封闭楼梯间的门均应选用乙级防火门，并且开启方向应与疏散方向一致；与中庭相通的过厅、通道等，应设乙级防火门或耐火极限大于 3 h 的防火卷帘。对于建筑工程中的电缆井、排烟道、管道井、垃圾道等竖向管井的井壁上的检查门，应选用耐火极限不小于 0.6 h 的丙级防火门。

4. 防火墙

防火墙是建筑中采用最多的防火分隔设施。我国传统民居中的马头墙，其主要功能就是阻止发生火灾时火势的蔓延。大量的火灾实例表明，防火墙对阻止火势蔓延起着很大的作用。例如某高层办公楼相邻两办公室以防火墙分隔，其中一间发生火灾，大火燃烧了 3 个小时之久，内部可燃物基本已经烧完，但隔壁存放大量办公文件、写字台、椅子等可燃物的办公室则安然无恙。因此，防火墙通常是水平防火分区的分隔首选。

按照在建筑平面上的关系，防火墙可分为横向防火墙（与建筑物长轴方向垂直的）与纵向防火墙（与建筑物长轴方向一致的）两种；按防火墙在建筑中的位置，有内墙防火墙与外墙防火墙之分。内墙防火墙即划分防火分区的内部隔墙，而外墙防火墙则是两幢建筑间因防火间距不够而设置的无门窗（或设有防火门、窗）的外墙。防火墙应由非燃烧材料组成。为了确保防火墙的防火可靠性，现行规范规定其耐火极限应不低于 4 h，高层建筑防火墙耐火极限应不低于 3 h。同时，防火墙的设置在建筑构造上还应满足下列几点要求。

（1）防火墙应该直接布置在建筑的基础上或耐火性能满足设计规范要求的梁上。此外，在设计及建造中应注意防火墙结构强度和稳定性，应确保防火墙上方的梁、板等构件在受到火灾影响破坏时，不致使防火墙发生倒塌。

（2）不得将可燃烧构件穿过防火墙体，同时，防火墙也应截断难燃烧体的屋顶结构，且应高出非燃烧体屋面 40 cm，高出燃烧体或难燃烧体屋面 50 cm 以上。若建筑物的屋盖为耐火极限不低于 0.5 h 的非燃烧体、高层工业建筑屋盖为耐火极限不低于 1 h 的非燃烧体，可以将防火墙只砌至屋面基层的底部，不必高出屋面。

（3）若建筑物的外墙为难燃烧体，防火墙应突出难燃烧体墙的外表面 40 cm；而两侧防火带的宽度则从防火墙中心线起，每侧不应小于 2 m。

（4）若建筑设有天窗，应注意确保防火墙中心距天窗端面的水平距离不小于 4 m；出现小于 4 m 的情况且天窗端面为可燃烧体时，应将防火墙加高，使其超出天窗 50 cm，以阻止火势蔓延。

（5）通常在防火墙上不应开设门和窗，若必须设置时，应采用甲级防火门窗（耐火极限为 1.2 h），并且能自动关闭。防火墙应设置排烟道，民用建筑的使用上若需设置时，应要保证烟道两侧墙身的截面厚度均不小于 12 cm。

可燃气体及甲、乙、丙类液体管道，其发生火灾的危险性比较大，一旦发生燃烧和爆炸，危及面也很广,所以,这类管道严禁穿过防火墙。若输送其他液体的管道必须穿过防火墙,应选用非燃烧材料将管道周围缝隙填密实。若走道和大面积房间的隔墙穿过各种管道时,其构造可参照防火墙构造实施处理。

(6)建筑设计中,若在靠近防火墙的两侧开设门、窗洞口,为防止火灾发生时火苗互串,要求防火墙两侧门窗洞口间墙之间的距离应不小于 2 m。若装有乙级防火窗时,其距离可不受限制。

应避免在建筑物的转角处设置防火墙,若必须设在转角附近,则必须保证在内转角两侧的门、窗洞口间的最小水平距离不小于 4 m,如果在一侧装有固定乙级防火窗时,其间距可不受限制。

5. 玻璃幕墙的防火分隔

玻璃幕墙是由金属构件及玻璃板所组成的建筑外墙面围护结构,作为一种新型的建筑构件,玻璃幕墙因其自重轻、光亮、挺拔、明快、美观、装饰艺术效果好等优点,自 20 世纪 70 ~ 80 年代以来,被大量地应用于高层建筑之中。玻璃幕墙多数采用全封闭式,分为明框、半明框和隐框玻璃幕墙三种。构成玻璃幕墙的材料主要有:钢/铝合金、玻璃、不锈钢以及黏接密封剂。幕墙上的玻璃常采用热反射玻璃或钢化玻璃等。这些玻璃虽强度高,但耐火性能却差,一般幕墙玻璃在 250 ℃左右即会炸裂、脱落,致使大面积的玻璃幕墙成为火势向上蔓延的重要途径。另一方面,因为建筑构造的要求,垂直的玻璃幕墙与水平楼板之间会留有较大的缝隙,若对其没有进行密封处理或密封不好,火焰烟气就会由此而向上扩散,造成火势蔓延。为了避免建筑发生火灾时通过玻璃幕墙造成大面积蔓延,根据《高层建筑设计防火规范》(GB 50045—1995),在设置玻璃幕墙时应符合以下规定:

(1)窗间墙、窗槛墙(窗下墙)的玻璃幕墙,其填充材料应采用矿棉、岩棉、玻璃棉、硅酸铝棉等不燃烧材料。若其外墙面采用耐火极限不低于 1 h 的不燃烧体,则其墙内封底材料可采用难燃烧材料。

(2)无窗间墙、窗槛墙(窗下墙)的玻璃幕墙,应在每层楼板外沿安装耐火极限不低于 1 h、高度不低于 0.8 m 的不燃烧实体裙墙。还可在建筑幕墙内侧每层设置自动喷水系统保护,其喷头间的距离宜在 1.8 ~ 2.2 m 之间,如图 4.3 所示。

(3)玻璃幕墙与每层楼板、隔墙处之间的缝隙,应采用不燃烧材料将其填塞密实。

当幕墙遇到防火墙时,应符合防火墙设置的要求。防火墙应与其框架连接,不应与玻璃直接连接。

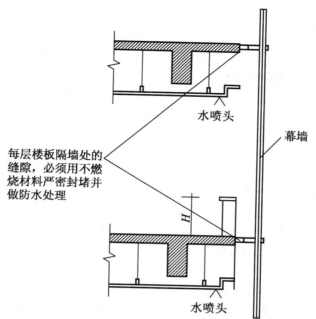

图4.3 建筑幕墙加装自动喷水灭火系统保护示意图

4.1.3 建筑防火分区

建筑防火分区的面积大小应考虑到建筑物的使用性质、建筑物高度、火灾危险性以及消防扑救能力等因素。所以,对于多层民用建筑、高层民用建筑、工业建筑的防火分区的划定均有其不同的标准。

1.多层民用建筑的防火分区

我国现行《建筑设计防火规范》(GB 50016—2006)对多层民用建筑防火分区的面积作了如下规定,见表4.1。

在划分防火分区面积时还应注意下列几点。

(1)若建筑内设有自动灭火设备,每层最大允许建筑面积可按照表4.1中的规定增加一倍。局部设有自动灭火设备时,增加面积可按照该局部面积的一倍计算。

表4.1 多层民用建筑的耐火等级、层数、长度和面积

耐火等级	最多允许层数	防火分区		说明
		最大允许长度/m	每层最大允许建筑面积/m²	
一、二级	不限	150	2 500	①体育馆、剧院展览馆等建筑的观众厅、展览厅的长度和面积可以根据需要确定 ②托儿所、幼儿园的儿童用房及儿童游乐厅等儿童活动场所不应设置在四层及四层以上或地下、半地下建筑内

续表 4.1

耐火等级	最多允许层数	防火分区		说明
		最大允许长度/m	每层最大允许建筑面积/m²	
三级	5 层	100	1 200	①托儿所、幼儿园的儿童用房及儿童游乐厅等儿童活动场所和医院、疗养院的住院部分不应设在三层以上或地下、半地下建筑内 ②商店、学校、电影院、剧场、礼堂、食堂、菜市场不应超过2层
四级	2 层	60	600	学校、食堂、菜市场、托儿所、幼儿园、医院等不应超过一层

（2）防火分区间应采用防火墙分隔。如有困难时，可使用防火卷帘及水幕分隔。

（3）对于贯通数层的有封闭式中庭或者是有自动扶梯的建筑，通常都是上下两层甚至是几层相连通，其防火分区则会被上下贯通的大空间所破坏，发生火灾时，烟气容易蔓延扩大，对上层人员的疏散、消防以及扑救带来一定的困难。为此，应把相连通的各层作为一个防火分区考虑，参照表4.1中的规定，对于耐火等级为一、二级的多层建筑，上下数层的面积之和不应超过2 500 m²；耐火等级为三级的多层建筑，上下数层的面积之和则不应超过1 200 m²。如果房间、走道与中庭相通的开口部位设有可自行关闭的乙级防火门或防火卷帘，中庭每层回廊均设有火灾自动报警系统及自动喷水灭火系统，并且封闭屋盖设有自动排烟设施，则防火分区将以防火门等分隔设施加以划分，不再以相连通的各层作为一个防火分区。

（4）建筑物的地下室或半地下室若发生火灾，人员不易疏散，所以地下室、半地下室的防火分区面积应严格控制在500 m² 以内。

2. 高层民用建筑的防火分区

高层建筑防火分区的划分是十分重要的。一般说来，高层建筑规模大，用途广泛，可燃物量大，火灾一旦发生，火势蔓延迅速，烟气迅速扩散，必然会造成巨大的损失。所以，减少这种情况发生的最有效的方式就是划分防火分区，且应采用防火墙等分隔设施。每个防火分区最大允许建筑面积不应超过表4.2的规定。

表4.2　每个防火分区的最大允许建筑面积

建筑类别	每个防火分区建筑面积/m²
一类建筑	1 000
二类建筑	1 500
三类建筑	500

（1）防火分区面积的大小应依据建筑的用途及性能的不同而加以区别。有的高层建筑的商业营业厅、展览厅常附设在建筑下部，其面积往往会超出规范很多，对这类建筑，其地上部分防火分区的最大允许建筑面积可增加到4 000 m²，而地下部分防火分区的最大允许建筑面积则可增加到2 000 m²。但为确保安全，厅内应设有火灾自动报警系统及自动灭火系统，装修材料应采用不燃或难燃材料。一般的高层建筑，若防火分区内已设有自动灭火系统，则其允许最大建筑面积可按照表4.2的规定增加一倍；当局部设置自动灭火系统时，增加面积

可按照该局部面积的一倍计算。

(2)与高层建筑相连的裙房,其建筑高度较低,所以火灾的扑救难度相对较小。若裙房与主体建筑之间用防火墙等设施分隔设施分开时,其最大允许建筑面积不应大于 2 500 m²;若设置有自动喷水灭火系统时,防火分区最大允许建筑面积可增加一倍。

(3)若高层建筑内设有上下层连通的走廊、敞开楼梯、自动扶梯等开口区域时,为了保证防火安全,应将上下连通层作为一个整体对待,其最大允许建筑面积之和不应超过表 4.2 中的规定。若总面积超过规定,则应在开口部位设置防火分隔设施,如采用耐火极限大于 3 h 的防火卷帘或水幕等分隔设施,而此时面积可不叠加计算。

(4)高层建筑多采用垂直排烟道(竖井)排烟,通常是在每个防烟区设一个垂直烟道。但若防烟区面积过小,使垂直排烟道数量增多,则会占用较大的有效空间;若防烟分区的面积过大,使高温的烟气波及面积加大,会使受灾面积增加,极不利于安全疏散与扑救。所以,规范中规定,每个防烟分区的建筑面积不宜超过 500 m²,且防烟分区不应跨越防火分区。

3.工业建筑的防火分区

对于厂房的防火分区,应依据其生产的火灾危险性类别、厂房的层数以及厂房的耐火等级确定防火分区的面积。火灾危险性类别是按照生产或使用过程中物质的火灾危险性来分类的,共分为甲、乙、丙、丁、戊五个类别。其中甲类厂房火灾危险性最大,乙类次之,而戊类危险性最小。

各类厂房的防火分区面积大小见表 4.3。

表 4.3　厂房的耐火等级、层数和建筑面积表

生产类别	耐火等级	最多允许层数	防火区最大允许建筑面积/m²	
			单层厂房	多层厂房
甲	一级	除生产必须采用多层者外,宜采用单层	4 000	3 000
	二级		3 000	2 000
乙	一级	不限	5 000	4 000
	二级	6	4 000	3 000
丙	一级	不限	不限	6 000
	二级	不限	8 000	4 000
	三级	2	3 000	2 000
丁	一、二级	不限	不限	不限
	三级	3	4 000	2 000
	四级	1	1 000	—
戊	一、二级	不限	不限	不限
	三级	3	5 000	3 000
	四级	1	1 500	—

若防火分区内设有自动灭火设备,厂房的安全程度大大提高,所以对甲、乙、丙类厂房的防火分区面积可增加一倍,而丁、戊类厂房防火分区面积的增加则不限。当局部设置自动灭火设备时,则增加面积按照该局部面积的一倍计算。

库房及其每个防火分区的最大允许建筑面积应满足表 4.4 的要求。

表 4.4 库房的耐火等级、层数和建筑面积

储存物品分类	耐火等级	最多允许层数	防火区最大允许建筑面积/m²			
			单层厂房		多层厂房	
			每座库房	防火墙间	每座库房	防火墙间
甲	一级	1	180	60		
	一、二级	1	750	250		
乙	一、二级	3	2 000	500	300	
	三级	1	500	250		
丙	一、二级	5	4 000	1 000	700	150
	三级	1	1 200	400		
丁	一、二级	不限	不限	3 000	1 500	500
	三级	3	3 000	1 000	500	
	四级	1	2 100	700		
戊	一、二级	不限	不限	不限	2 000	100
	三级	3	3 000	2 100	700	
	四级	1	2 100	700		

高层厂房每个防火分区的最大允许建筑面积应符合表 4.5 的要求。

表 4.5 高层厂房的耐火等级和建筑面积

生产火灾危险性类别	耐火等级	防火区最大允许建筑面积/m²
乙	一级	2 000
	二级	1 500
丙	一级	3 000
	二级	2 000
丁	一、二级	4 000
戊	一、二级	6 000

此外,要注意高层厂房各防火分区之间应采用防火墙分隔。若在乙、丙类厂房内设有自动灭火系统时,防火分区最大允许建筑面积可按表 4.5 的规定增加一倍;而丁、戊类厂房设有自动灭火系统时,其建筑面积不限。局部设置了自动灭火系统时,增加面积可按该局部面积的一倍计算。

4. 中庭的防火

中庭是一种以大型建筑内部上下楼层贯通的大空间作为核心而创造的特殊建筑形式,在大多数情况下,其屋顶或外墙由钢结构和玻璃制成。

(1)中庭火灾的危险性。因为中庭是上下贯通的大空间,所以若防火设计不合理或管理不善,则火灾有急速扩大的可能性,危险性较大,其具体表现在:

1)火灾不受限制地急剧扩大。中庭一旦发生火灾,火势和烟气可以不受限制地急剧扩大。中庭的空间形似烟囱,若在中庭下层发生火灾,烟气便极易进入中庭空间;若在中庭上层发生火灾,烟气不能够及时排出,则会向周围楼层扩散。

2)疏散困难。若中庭发生,则整幢楼的人员都必须同时疏散。人员集中,再加上恐惧心理,势必会加大疏散的难度。

3)灭火和救援困难。中庭空间顶棚的灭火探测及灭火装置受高度的影响常常达不到早期探测和初期灭火的要求。当火灾迅速地多方位扩大时,消防队员扑灭火灾的难度就会加大,再加上屋顶和壁面的玻璃会因受热破裂而散落,也会对消防队员造成威胁。

(2)中庭的防火设计。中庭火灾的危险性决定了中庭防火必须采取有效的防火措施,以减少火灾的损失。依据国内外高层建筑中庭防火设计的实际做法,并参考国外有关防火规范的规定要求,我国新修订的防火规范对中庭防火设计作了如下规定:"房间与中庭回廊相通的门、窗应设能自行关闭的乙级防火门、窗。与中庭相连的过厅、通道处应设防火门或防火卷帘。""中庭每层回廊都要设自动喷水灭火系统,喷头间距在 $2.0 \sim 2.8 \ m$ 之间,并且每层回廊应设火灾自动报警设备,起到早报警、早扑救的作用。中庭净空高度不超过 $12 \ m$ 时可采用自然排烟,但可开启的天窗或高侧窗的面积不应小于该中庭地面面积的 5%,其他情况下应采用机械排烟设施。"

4.1.4 防烟分区

防烟分区就是指采用挡烟垂壁、隔墙或从顶棚下突出不小于 $50 \ cm$ 的梁而划分的防烟空间。

人们可以从烟气的危害及扩散规律清楚地认识到,发生火灾时首要任务是把火场上产生的高温烟气控制在一定的区域范围之内,并迅速将其排除至室外。为了完成这项迫切任务,在特定条件下必须要设置防烟分区。防烟分区主要是确保在一定时间内使火场上产生的高温烟气不致随意扩散,并进而加以排除,从而达到控制火势蔓延及减少火灾损失的目的。

1. 防烟分区的设置原则

设置防烟分区应遵循以下原则。

(1)未设排烟设施的房间(包括地下室)及走道,不划分防烟分区;走道和房间(包括地下室)按规定需要设置排烟设施时,可根据具体情况划分防烟分区;一座建筑物中的某几层需要设置排烟设施,并且采用垂直排烟道(竖井)进行排烟时,其余各层(不需要设置排烟设施的楼层),若投资增加不多,也宜设置排烟设施,并将其划分防烟分区。

(2)防烟分区均不应跨越防火分区。

(3)每个防烟分区所占的建筑面积一般应控制在 $500 \ m^2$ 之内。

(4)防烟分区不宜跨越楼层,一些情况,比如低层建筑且面积又过小时,允许包括一个以上的楼层,但要以不超过三个楼层为宜。

(5)对于有特殊要求的场所,比如地下室、防烟楼梯间及其前室、消防电梯及其前室、避难层(间)等,应单独划分防烟分区。

2. 防烟分区的划分方法

(1)按用途划分。

建筑物是由具有各种不同使用功能的建筑空间所构成的,所以按照建筑空间的不同用途来划分防烟分区也是比较合适的。但应值得注意的是,在按照不同的用途把房间划分成各个不同的防烟分区时,对通风空调管道、电气配线管、给排水管道及采暖系统管道等穿越墙壁和楼板处,应妥善采取防火分隔措施,以保证防烟分区的严密性。

在某些情况下,疏散走道也应单独划分防烟分区。此时,面向走道的房间与走道之间的分隔门应是防火门,这是由于普通门容易被火烧毁难以阻挡烟气扩散,将使房间和走道连成一体。

（2）按面积划分。

对于高层民用建筑,当每层建筑面积超过 500 m² 时,应按照每个烟气控制区不超过 500 m² 的原则划分防烟分区。设置在各个标准层上的防烟分区,形状相同,尺寸相同,用途相同。对不同形状及用途的防烟分区,其面积亦应尽可能一样。每个楼层上的防烟分区也可采用同一套防、排烟设施。

（3）按楼层划分。

还可分别按照楼层划分防烟分区。在现代高层建筑中,底层部分与高层部分的用途往往不同,比如高层旅馆建筑,底层多布置餐厅、接待室、商店以及小卖部等房间,而主体高层多为客房。火灾统计数据资料表明,底层发生火灾的机会较多,火灾概率大,而高层主体发生火灾的机会则较少,火灾概率低,所以应尽可能按照房间的不同用途沿垂直方向按照楼层划分防烟分区。图 4.4(a)所示为典型高层旅馆防烟分区的划分示意图,很显然这一设计实例是将底层公共设施部分与高层客房部分严格分开。图 4.4(b)所示为典型高层办公楼防烟分区的划分示意图,从图中可以看出,底部商店是沿垂直方向按照楼层划分防烟分区的,而在地上层则是沿水平方向划分防烟分区的。

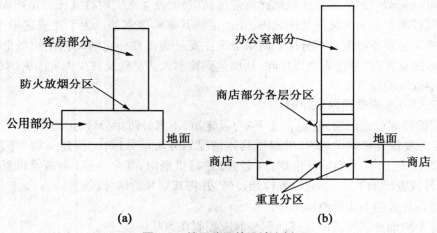

图 4.4　楼层分区的设计实例

从防、排烟的观点看,在进行建筑设计时特别应注意的是垂直防烟分区,特别是对于建筑高度超过 100 m 的超高层建筑,可以把一座高层建筑按照 15～20 层分段,通常是利用不连续的电梯竖井在分段处错开,楼梯间也做成不连续的,这样的设计能有效防止烟气无限制地向上蔓延,对超高层建筑的消防安全是十分有益的。

4.2　安全疏散

4.2.1　安全疏散的设计原则

（1）安全疏散设计是以建筑内的所有人员应该能够脱离火灾危险并独立地步行到安全地带为原则。

（2）安全疏散方法应确保在任何时间、任何位置的人都能自由无阻碍地进行疏散。在一定程度上能够保证行动不便的人足够的安全度。

（3）疏散路线应力求短捷通畅、安全可靠，防止出现各种人流、物流相互交叉现象，杜绝出现逆流。防止疏散过程中由于长时间的高密度人员滞留和通道堵塞等引起群集事故的发生。

（4）建筑物内的任意一个区域，宜同时有两个或两个以上的疏散方向可供疏散。安全疏散方法应提供多种疏散方式而不仅仅是一种，因为任何一种单一的疏散方式都会由于人为或机械原因而导致失败。

（5）安全疏散设计应充分考虑在火灾情况下人员心理状态及行为特点的特殊性，采取相应的措施保证信息传达准确及时，以免恐慌等不利情况的出现。

4.2.2 保证安全疏散的基本条件

为了确保楼内人员在因火灾造成的各种危险中的安全，所有的建筑物都必须符合下列保证安全疏散的基本条件。

（1）布置合理的安全疏散路线。

在发生火灾、人们在紧急疏散时，应保证其安全性一个阶段比一个阶段高，即人们从着火房间或部位跑到公共走道，再由公共走道到达疏散楼梯间，然后转向室外或其他安全处所，一步要比一步安全，这样的疏散路线即为安全疏散路线。所以在布置疏散路线时，要力求简捷，便于寻找、辨认，并且疏散楼梯位置要明显。一般地说，靠近楼梯间布置疏散楼梯是较为有利的，因为在火灾发生时，人们往往习惯于跑向经常使用的电梯作为逃生的通道，当靠近电梯布置疏散楼梯时，就能使经常使用的路线与火灾时紧急使用的路线有机地结合起来，有利于人员迅速而安全地疏散。

（2）保证安全的疏散通道。

在有起火可能性的任何场所发生火灾时，建筑物都必须要保证至少有一条能够使全部人员安全疏散的通道。有时，虽然很多建筑物均设有两条安全通道，却并不能完全保证全部人员的安全疏散。所以，从本质上讲，最重要的是采取接近万无一失的疏散措施，即使只有单一方向疏散通道，也能够保证安全。从建筑物内人员的具体情况考虑，疏散通道必须具有足以能够使这些人疏散出去的容量、尺寸和形状，同时必须确保疏散中的安全，在疏散过程中不受到火灾烟气、火以及其他危险的干扰。

（3）保证安全的避难场所。

为了保证在火灾时楼内人员的安全疏散，避难场所必须没有烟气、火焰、破损及其他各种火灾的危险。在原则上避难场所应设在建筑物公共空间，即外面的自由空间中。但在大规模的建筑物中，同火灾扩展速度相比，疏散需要更多的时间，将楼内全部人员一下子疏散到外面去，从时间上不允许，还不如在建筑物内部设置一个可作为避难的空间更为安全。所以，建筑物内部避难场所的合理设置十分重要。一般常见的避难场所或安全区域有封闭楼梯间和防烟楼梯间、消防电梯、屋顶直升机停机坪、建筑中火灾楼层下面两层以下的楼层、高层建筑或超高层建筑中为安全避难所特设的"避难层"或"避难间"等。

（4）限制使用严重影响疏散的建筑材料。

建筑物结构及装修中大量地使用了建筑材料，对火灾影响很大，应在防火和疏散方面特别注意。火焰燃烧速度很快的材料或者火灾时排放剧毒性燃烧气体的材料不得作为建筑材料使用，以防止火灾发生时有可能成为疏散障碍的因素。但是对材料加以限制使用却不是一件容易的事，掌握的尺度就是，不使用比普通木材更易燃的材料。在此前提条件下，才能进一步考虑安全疏散的其他问题。

4.2.3　安全疏散措施的布置

在建筑设计时，应依据建筑的规模、使用性质、容纳人数以及在火灾时不同人的心理状态等情况，合理地设置安全疏散设施，为人们安全疏散创造有利条件。安全疏散设施主要包括安全出口、事故照明及防烟、排烟设施等。

安全出口主要有疏散楼梯、消防电梯、疏散走道、疏散门、避难层、避难间等。

安全出口的设置原则如下。

（1）每个防火分区（多层或高层）的安全出口不应少于两个，在一些特殊情况下（如面积小，容纳人数少）可设一个安全出口。

（2）电影院、剧院、礼堂、观众厅的每个安全出口的平均疏散人数按照 250 人计，则安全出口的总数目根据该类建筑所能容纳的总人数确定。若容纳人数超过 2 000 人，则超过2 000人的部分，每个安全出口的平均疏散人数按 400 人计。

（3）体育馆观众厅内容纳的人数多，受座位排列和走道布置等技术以及经济因素的制约，每个安全出口的平均疏散人数按照 400～700 人计。对规模较小的观众厅，采用下限值；而对于规模较大的观众厅，则采用接近上限值。

（4）安全出口宜设置在靠近防火分区的两端，并靠近电梯间设置，出口标志明显，易于寻找，且保证安全出口应有足够的宽度，安全出口门的开启方向应与疏散方向一致。

1. 疏散楼梯

疏散楼梯是供人员在火灾情况下安全疏散所用的楼梯。疏散楼梯的设计应遵循以下原则。

（1）在平面上应尽量靠近标准层（或防火分区）的两端或接近两端出口的位置设置，这种布置方式便于进行双向疏散，提高疏散的安全可靠性；或者尽量靠近电梯间设置。疏散楼梯也可靠近外墙设置，其优点是可利用外墙开启窗户进行自然排烟。若因条件限制，将疏散楼梯设置在建筑核心部位时，应设有机械排风装置。

（2）在竖向布置上疏散楼梯应保证上、下畅通。不同层的疏散楼梯、普通楼梯以及自动扶梯等不应混杂交叉，防止紧急情况时部分人流发生冲撞拥挤，引起堵塞和意外伤亡。对高层民用建筑来说，疏散楼梯应通向屋顶，便于当向下疏散的通道发生堵塞或被烟气切断时，人员可上到屋顶暂时避难，等待消防救援人员利用登高车或直升机进行救援。疏散楼梯的形式按照防烟火作用可分为敞开楼梯、防烟楼梯、封闭楼梯以及室外疏散楼梯。

1）敞开楼梯。敞开楼梯是在平面上三面有墙、一面无墙无门的楼梯间，隔烟阻火的作用最差，其适用范围为 5 层及 5 层以下的公共建筑或 6 层及 6 层以下的组合式单元住宅。若用在 7～9 层的单元式住宅之中，敞开楼梯的分隔门应采用乙级防火门。

2）防烟楼梯。防烟楼梯是指在楼梯入口处设有前室（面积不小于 6 m²，并设有防、排烟设施）或设有专供排烟用的阳台、凹廊等，并且通向前室与楼梯间的门均为乙级防火门的楼梯间。高层建筑内发生火灾时，由于日常所使用的电梯无防烟、防水等措施，在火灾时不能用于人员疏散,而身处起火层的人员又为了躲避火灾的威胁,只有通过楼梯才能到达安全地。所以楼梯间必须是安全空间。防烟楼梯是高层建筑中常用的疏散楼梯形式。依据《高层民用建筑设计防火规范》(2005 版)(GB 50045—1995)的要求,可以采用防烟楼梯的情况如下。

①凡是高度超过 24 m 的一类建筑和高度超过 32 m 的二类建筑内,都必须设置防烟楼梯。

②高层的高级住宅,若高度超过 24 m,必须设置防烟楼梯(凡设空调系统的为高级住宅,不设的即为普通住宅。仅设窗式空调的高层住宅,不设为高级住宅)。

③19 层及 19 层以上的单元式高层住宅,若高度达 50 m 以上,且人员比较集中时,则必须设置防烟楼梯。

④通廊式住宅平面布置通常是在一条内走道两边布置房间,横向单元分隔少,火灾范围大,所以当层数超过 11 层时,就必须设置防烟楼梯。

⑤塔式高层住宅,高度超过 24 m 时,必须采用防烟楼梯。设计简便、管理方便、造价较低的防烟楼梯,是在进入楼梯前设有阳台或凹廊。疏散人员通过走道及两道防火门,才能进入封闭的楼梯间内。随人流进入阳台的烟气会通过自然风力迅速排走,同时转折路线也使烟很难进入楼梯间,无需再设置其他的排烟装置。

利用阳台或凹廊做前室的不足之处就在于楼梯间靠外墙时才能采用,使用起来具有一定的局限性。所以一种既可靠外墙设置,也可放在建筑物内部的带封闭前室的疏散楼梯间被应用于高层建筑中,这种平面设置形式可灵活多样。

3)封闭楼梯。不带前室,且只设有能防止烟气进入的双向弹簧门或防火门(高层建筑中)的楼梯间称为封闭楼梯。封闭楼梯也是高层建筑中常用的一种疏散楼梯形式。根据《高层民用建筑设计防火规范》(2005 版)(GB 50045—1995)的要求,可采用封闭楼梯间的有以下几种情况。

①在高层建筑中,高度在 24 ~ 32 m 之间的二类建筑,允许使用封闭楼梯间。

②楼层在 12 ~ 18 层的单元式住宅,可以使用封闭楼梯间。对于 11 层及 11 层以下的单元式住宅,可以不设封闭楼梯间,但楼梯间必须要靠外墙设置,同时开向楼梯间的门必须是乙级防火门。

③与高层建筑主体部分直接相连的附属建筑(裙房)可以采用封闭楼梯间。11 层及 11 层以下的通廊式住宅应设封闭楼梯间。如在有可能的条件下,设置两道防火门形成门斗,由于门斗面积小,所以与前室有所区别,这样处理之后可提高楼梯间的防护能力。

高层建筑的楼梯间通常都要求开敞地设在门厅或靠近主要出口处,在首层将楼梯间封闭起来既影响美观,又不能保障安全。所以,为适应某些公共建筑的实际需求,规范中允许将通向室外的走道、门厅包括在楼梯间范围内,形成扩大的封闭楼梯间,但在门厅与通向房间的走道之间,或者在门厅与楼梯间之间用防火门、防火水幕带等予以分隔,在扩大封闭空间内所使用的装修材料宜采用难燃或不燃材料。而封闭楼梯间的使用受一定技术条件的限制。首先必须要设置在高层建筑的外墙部位,并在外墙上有可开启的玻璃窗,以便于楼梯间的自然通风及采光。其次,封闭楼梯间用在高层建筑中时,楼梯间入口必须设有开启方向与疏散方向一致的乙级防火门。

4)室外疏散楼梯。对于一些平面面积较小且设置室内楼梯有困难的建筑可设置室外疏散楼梯。它不易受到烟火的威胁,不仅可供疏散人员使用,还可供消防人员救援使用。它在结构上通常采用悬挑的形式,所以不占据室内使用面积,既经济又有良好的防烟效果。但它的不足之处在于室外楼梯较窄,人员拥挤有时可能发生意外事故,同时又只设置一道防火门,安全性稍差于前两种楼梯。

在设计室外疏散楼梯时,需要注意以下几点。

①室外楼梯的最小净宽不应小于0.9 m,且倾斜度应小于45°,栏杆扶手的高度不应低于1.1 m。

②室外楼梯与每层出口处平台应使用耐火极限不低于1 h的不燃烧材料。在楼梯周围2 m的墙面上,除设疏散门外,不应设置其他门、窗洞口。疏散门应采用乙级防火门,且不应设置在正对楼梯段。

2. 疏散走道

疏散走道是指火灾发生时,楼内人员从火灾现场撤往安全避难场所的通道。疏散走道的设置应确保逃离火场的人员进入走道后,能顺利地继续奔向楼梯间,到达安全地带。疏散走道的布置应满足以下要求。

(1)走道应简捷,尽量避免在宽度及方向上急剧变化。不论采用何种形式的走道,均应按照规定设有疏散指示标志灯及诱导灯。

(2)在1.8 m高度内不宜设有管道、门垛等突出物,走道中的门开启方向应与疏散方向一致。

(3)避免设置袋形走道。因为袋形走道出口只有一个,发生火灾时容易带来危险。

(4)对于多层建筑,疏散走道的最小宽度不应小于1.1 m;其中首层建筑疏散走道的宽度可按照表4.6的规定执行。

表4.6　首层疏散外门和走道的净宽

高层建筑	每个外门的净宽/m	走道净宽/m	
		单面布房	双面布房
医院	1.30	1.40	1.50
居住建筑	1.10	1.20	1.30
其他	1.20	1.30	1.40

3. 疏散门

疏散门的构造及设置应满足下列要求。

(1)疏散门应向疏散方向开启,但如果房间内人数不超过60人,且每扇门的平均通行人数不超过30人时,可以不限门的开启方向。

(2)对于高层建筑中人员密集的会议厅、观众厅等的入场门、太平门等,不应设置门槛,且其宽度不应小于1.4 m。在门内、门外1.4 m范围之内不设置台阶、踏步,防止摔倒、伤人。在室内应设置明显的标志及事故照明。

(3)应在建筑物直通室外疏散门的上方设置宽度不小于1.0 m的防火挑檐,以避免建筑物上的跌落物伤人,确保火灾时人员疏散的安全。

(4)位于两个安全出口之间的房间,若面积不超过60 m²,则可设置一扇门,且门的净宽不应小于0.90 m;处于走道尽端的房间,若面积不超过75 m²时,则可设置一扇门,且门的净宽不应小于 1.40 m。

4. 消防电梯

由于高层建筑竖直高度大,火灾扑救时的难点多、困难大,所以根据《高层民用建筑设计防火规范》(2005 版)(GB 50045—1995)的要求,必须设置消防电梯。设置范围包括:一类高层民用建筑;10 层及 10 层以上的塔式住宅;12 层及 12 层以上的单元式住宅、宿舍或者高度超过 32 m 的其他二类民用建筑。对于高层民用建筑的主体部分,且楼层面积不超过 1 500 m² 时,应设置一台消防电梯;若楼层面积超过 1 500 m²,但小于 4 500 m² 时,应设置两台消防电梯;若每层面积超过 4 500 m² 时,应设置三台消防电梯。

消防电梯可与客梯或工作电梯兼用,但应满足消防电梯的功能要求。

(1)消防电梯的设置。

在同一高层建筑内,要避免将两台以上的消防电梯布置在同一防火分区内,否则消防电梯难以发挥积极的作用。消防电梯应设前室,这个前室同防烟楼梯间的前室具有一样的防火、防烟的功能。有时为了平面布置紧凑,消防电梯与防烟楼梯间可合用一个前室。消防电梯的前室面积规定要求:住宅建筑,不小于 4.5 m²;公共建筑,不小于 6 m²。与楼梯间合用前室的面积:住宅建筑,不小于 6 m²,公共建筑,不小于 10 m²。消防电梯前室宜靠外墙设置,可以达到自然排烟的效果。消防电梯井必须要同其他竖井管(如管道井、电缆井等)分开设置。

(2)消防电梯的防火要求。

消防电梯井壁应具有足够的耐火能力,耐火极限一般不低于 2.50 h。消防电梯的装修材料应使用不燃烧材料。消防电梯的轿厢尺寸与载重量应符合要求:轿厢的平面尺寸不宜小于 100 cm × 150 cm,载重量不宜小于 1 000 kg。其作用在于能保证一个战斗班 7～8 名消防队员进行扑火和救助活动及搬运大型消防器具的正常进行。

消防电梯的运行速度应符合要求,一般从首层到顶层之间的运行时间应控制在 60 s 以内。应在电梯轿厢内设专用电话,并在首层轿厢门附近设供消防队员专用的操纵按钮。消防电梯的动力与控制电线应采取防水措施。电梯间前室门口应设置挡水设施(如在入口处设置比平面高 4～5 cm 的慢坡)。

5. 屋顶直升机停机坪

高层建筑特别是超高层建筑,在屋顶设置直升机停机坪是非常必要的,这样可以保障楼内人员安全撤离,争取外部的援助,以及为空运消防人员和空运必要的消防器材提供必要条件。我国上海的希尔顿饭店、北京国际贸易中心、南京的金陵饭店、北京消防调度指挥楼等高层建筑均设置了屋顶直升机停机坪。

设置停机坪的技术要求如下。

(1)停机坪的平面形状可以是圆形、方形或矩形。若采用圆形或方形平面时,其尺寸大小应为直升机旋翼直径的 1.5 倍;若采用矩形,其短边宽度不应小于直升机的全长。

(2)停机坪位置的设置。一种是直接设在屋顶层,这种方式要注意停机坪的位置应与屋顶障碍物(如楼梯间、水箱间、避雷针等)之间保持不小于 5 m 的距离,另一种则是设置在屋顶设备机房的上部,而这种方式要注意在停机坪周围设置高度为 80～100 cm 的护栏,因为停机坪面积有限,再加上慌乱的人群争相逃命,极易造成伤亡事故。

(3)通向停机坪应有不小于 2 个的出口,且每个出口的宽度不宜小于 0.9 m。出口处若加盖加锁,则应采取妥善的管理措施。

(4)停机坪的荷重计算。以直升机的三点同时作用在停机坪上的重量 W 来考虑,则停机坪承受的等效均布静载 $G = W/3K$,其中 K 为动荷载系数,其取 $2 \sim 2.25$。

(5)为确保避难人员和飞机的安全,在停机坪的适当位置设 $1 \sim 2$ 只消火栓。为了保证在夜间的使用,应设置照明灯。当停机坪设置为圆形时,周边灯不应少于 8 个;当停机坪设置为矩形或方形时,则其任何一边的周边灯不应少于 5 个,且周边灯的间距不应大于 3 m。导航灯设在停机坪的两个方向,每个方向不少于 5 个,且间距可为 $0.6 \sim 4.0$ m。泛光灯要设在与导航灯相反的方向。

6. 避难层

在通常情况下,建筑高度超过 100 m 的高层旅馆、办公楼以及综合楼,应设置避难层或避难间,作为火灾紧急情况下的安全疏散设施之一。避难层是供人员临时避难所使用的楼层;避难间则是为避难时使用的若干个房间。大量的火灾实例表明,在超高层建筑内人员众多,若要在安全疏散时间内全部从建筑中疏散出来是有困难的,所以设置避难层(间)是一项有效的安全脱险措施。

避难层的设置高度同消防登高车的作业高度以及消防队员能承受的最大体力消耗等因素有关。一般登高消防车的最大作业高度在 $30 \sim 45$ m 之间,而少数在 50 m 左右,消防队员的体力消耗以不超过 10 层为宜。所以,自地面层起到 $10 \sim 15$ 层设第一避难层,可利用云梯车聚集在避难层的人员进行救助。另外,避难层与避难层之间的层数也应控制在 $10 \sim 15$ 层,这样一个区间的疏散时间就不会太长,同时也在较佳的扑救作业范围内。

(1)避难层的形式选择。

避难层有两种设置形式。与设备层结合使用的避难层和专用避难层。避难层与设备层结合布置,是被采用比较多的一种形式。避难层与设备层的合理间隔层数比较接近,且设备层的层高要低于一般楼层,利用这种非常用空间做避难层是提高建筑空间利用率的一种较好途径。但这种形式的设计要注意:一是应集中布置各种设备、管道,分隔成间,以方便设备的维护管理,同时要避免人员避难时有疏散障碍;二是要符合疏散人员对停留面积的要求。避难层净面积指标按 5.0 人/m^2 考虑,则避难层的面积除去设备等占用的面积之外,应符合该指标的要求。

专用避难层或避难间的设置,应要保证周围设有耐火的围护结构(墙、楼板),且耐火极限应不低于 2 h。隔墙上的门窗应使用甲级防火门、防火窗,室内设有独立的防、排烟系统。确保避难层的人均停留面积应不小于 5.0 人/m^2。

(2)避难层的安全疏散。

为了保证避难层在建筑物起火时能够正常发挥作用,在建筑平面布置中应合理设置疏散楼梯,也就是在楼梯间的处理上能起到诱导人们自然进入避难层的作用。在设计中通常采用将楼梯间上下层错位的布置形式,即人们在垂直疏散时都要经过避难层,并且必须水平行走一段路程后才能上楼或下楼,这样也就提高了避难层的可靠程度。

消防电梯作为一种辅助的安全疏散设施,在避难层必须停靠,而普通电梯因其不具备排烟功能,严禁在避难层开设电梯门。

在避难层通道上应设置疏散指示标志及火灾事故照明,其高度位置以人行走时水平视线高度为准。避难层还应设有与本建筑消防控制室联系的专用电话或者无线对讲电话。

应在避难层设置独立的防、排烟设施。在进行防、排烟设计时,应将封闭式避难层划分为单独的防烟分区,并且宜采用机械加压送风防烟方式,确保避难层处于正压状态。

　　为了保证避难层的安全疏散时间,其四周墙体的耐火极限应不低于 2 h,隔墙上的门窗应使用甲级防火门窗。楼梯的耐火极限也不应低于 2 h,且为避免避难层地面温度过高,在楼板上宜设隔热层。

4.2.4　安全疏散的时间和距离

1.可利用的安全疏散时间

　　建筑物火灾时,人员疏散时间的组成如图 4.5 所示。由图可见,人员疏散过程可分解为三个阶段:察觉火警、决策反应和疏散运动。实际需要的疏散时间 t_{RSET} 取决于火灾探测报警的敏感性和准确性 t_{awa},察觉火灾后人员的决策反应 t_{pre},以及决定开始疏散行动后人员的疏散流动能力 t_{mov} 等,即:

$$t_{RSET} = t_{awa} + t_{pre} + t_{mov}　　　　　　　　（公式 4.1）$$

　　一旦发生火灾等紧急状态,需保证建筑物内所有人员在可利用的安全疏散时间 t_{ASET} 内,均能到达安全的避难场所,即:

$$t_{RSET} < t_{ASET}　　　　　　　　　　　　　（公式 4.2）$$

图 4.5　火灾时人员疏散时间

　　如果剩余时间即 t_{ASET} 和 t_{RSET} 之差大于 0,则人员能够安全疏散。剩余时间越长,安全性越大;反之,安全性越小,甚至不能安全疏散。因此,为了提高安全度,就要通过安全疏散设计和消防管理来缩短疏散开始时间和疏散行动所需的时间;同时延长可利用的安全疏散时间 t_{ASET}。

　　可以利用的安全疏散时间 t_{ASET},即自火灾开始,至由于烟气的下降、扩散、轰燃的发生以及恐慌等原因而致使建筑及疏散通道发生危险状态为止的时间。

　　建筑物可以利用的安全疏散时间与建筑物消防设施装备及管理水平、安全疏散设施、建筑物本身的结构特点、人员行为特点等因素密切相关。可利用的安全疏散时间一般只有几分钟。对于高层民用建筑,通常只有 5～7 min;对于一、二级耐火等级的公共建筑,允许疏散时间通常只有 6 min;对于三、四级耐火等级的建筑,可利用安全疏散时间只有 2～4 min。

　　(1)火场空气温度的影响。

　　建筑物火灾时,受到来自建筑物火灾现场辐射热的影响,不仅人员疏散能力急剧下降,疏散人员的身体也将会受到致命的伤害。

　　由于辐射热的数据难以直观地获得,常用火场空气温度来确定可利用的安全疏散时间。也可利用高于人眼特征高度(1.2～1.8 m)的烟气层的平均烟气温度来反映辐射热对人员可利用安全疏散时间的影响。基本上,当人烟特征高度以上的烟气温度为 180 ℃,便可构成对人员的伤害。当烟气层面低于人眼特征高度时,对人的危害将是直接烧伤或吸入热气体引起的,此时烟气的临界温度略低,约为 110~120 ℃。

（2）有害烟气成分的影响。

根据对火灾中人员死亡原因的调查得知,烟气的毒性和烟尘颗粒堵塞呼吸通道,是造成火灾中人员窒息死亡的主要原因之一。在起火区,烟气的窒息作用还会造成人的不合理或无效的行为,如无目的地奔跑,在出口处用手抓门框而不是拧把手,返回建筑物,重返起火区等。

烟气对人员行为的抑制作用与受灾者在建筑物内对疏散通道的熟悉程度有很大关系。对于那些不熟悉建筑物的人来说,烟会造成心理上的不安。对于熟悉建筑物结构的人来讲,也要受到某些生理因素的影响,如降低步行速度和呼吸困难、流眼泪等,但心理上的影响不大。在起火建筑物内,为抵达安全场所,对于十分熟悉疏散路线的人来说,所谓疏散的减光系数可规定为是大部分研究人员开始发生心理动摇的 0.5/m。由于烟气的减光作用,能见度下降,人的行走速度减慢。刺激性的烟气环境更加剧了人员行走速度的降低。当在熟悉的建筑物内,烟气的减光系数达到心理动摇的极限 0.5/m 时的步行速度为 0.3 m/s,与闭目状态的步行速度相同。

对于不熟悉建筑物的人来讲,疏散的起码可见距离可以是 3~4 m,对不熟悉建筑物的人来讲,如商业大厅、地下街的顾客、旅馆的旅客等,可见距离有必要确保在 13 m 以上。

据对多次火灾的经验和学者们的实验观察,疏散时允许的烟浓度或必要的可见度列于表4.7。严格来讲,可见度并非是只由烟浓度来决定的,在有烟的环境中,可见度还受目标的亮度、颜色、环境和通道的亮度等因素的影响。所以烟浓度和可见度的对应关系不是绝对的。在实际的火灾情况中,情况可能比较复杂。比如在疏散通道中当烟的中性面降到视线以下时,直立行走会搅乱周围的烟,造成自身四周的小环境什么也看不见。所以上述值不能适用于所有场合。

表4.7　允许烟浓度与可能安全疏散的可见度

对建筑物的熟悉程度	烟浓度（减光系数）	可见度
不熟悉	0.15/m	13 m
熟悉	0.5/m	4 m

（3）其他因素。

就安全疏散而言,火灾室内疏散通道的结构安全亦是非常重要的。尤其是美国 911 恐怖袭击造成世贸大楼坍塌事件以来,建筑物火灾时的结构安全问题日益引起火灾安全领域研究人员和从业人员的重视。特别是如果建筑物大量采用了火灾时易于破损的玻璃,易于溶解和软化的塑料,或者其他易破损飞落的构件,有可能落在疏散人员的头上,而危及他们的安全。

以上的影响因素之间也是互相有联系的,以目前的技术水平进行参数的确定和计算还有一些难度。日本以烟气的下降高度距地面为 1.8 m 作为可利用的安全疏散时间的一个判据,是有科学根据的,在一定程度上简化了火灾危险性的评价过程。也可以利用下式计算火灾烟气蔓延状态下最小的清晰高度,并以此判断可利用的安全疏散时间

$$H_q = 1.6 + 0.1H \qquad\qquad （公式4.3）$$

式中　H_q——最小清晰高度（m）;

　　　　H——排烟空间的建筑高度（m）。

2. 实际安全疏散时间

疏散开始时间是由火灾发现方法、报警方法、发现火警人员的心理和生理状态、起火场所与发现人员位置、疏散人员状况、建筑物形态及管理状况、疏散诱导手段等条件决定的。疏散行动所需时间受建筑中疏散人员的行动能力、疏散通道的形状和布局、疏散指示、疏散诱导以及应急照明系统的设置等因素的影响。而危险来临时间会受建筑的形状、内装修情况、防排烟设施性能、自动喷水灭火装置及防火分区的设置状况等的限制。

（1）确认火警所需的时间。

火警确认阶段所需时间包含从起火、发出火警信息直到建筑物内居留人员确认了火警信息所需的时间。受建筑物内传递火灾信息的手段、火源和楼内人员的位置关系、建筑物内滞留人员的行为特点等因素影响，火警的确认可能是通过烟味的刺激、亲自听见或看见火灾的发生、通过自动报警系统或他人传来的信息等。

（2）疏散决策反应时间。

发现火警后，建筑物内滞留的待疏散人员在疏散行动开始前的决策反应时间，对于整个人员疏散行为过程的影响非常重要。可借助疏散行动开始时间参数 t_{pre} 对其进行评价。其中人的生理及心理特点、火灾安全的教育背景和经验、当时的工作状态等因素，对疏散行动开始前的决策过程起着非常重要的制约作用。

（3）疏散行动所需时间。

一旦决定开始疏散行动之后，不考虑人员个人心理特征等行为因素的影响，疏散行动所需时间的影响因素主要有人员步行速度、疏散通道的流动能力、疏散空间的几何特征等。

1）人员步行速度。一旦决定开始疏散行动之后，疏散人员将不断调整自己的行为决策，以受到的约束和障碍程度最小为原则，争取在最短的时间内到达当前的安全目标。建筑空间中人流密度是制约人员疏散行为心理和疏散流动能力的一个至关重要的因素。

在日常生活中，人的步行参数是随环境状态而变化的。据统计资料表明，在市街上的步行速度通常约在 $1 \sim 2$ m/s 之间，步速的平均值为 1.33 m/s。上班或上学时，在时间压力下人们通常走得比较快，下班时则大约比上班时慢 10%。

性别和年龄、烟气浓度、疏散通道照度对步行速度也有一定的影响。各种情况下的步速可参考表4.8。

表4.8　步行速度

状态	速度/(m·s^{-1})	状态	速度/(m·s^{-1})
腿慢的人	1.00	没腰水中	0.30
腿快的人	2.00	暗中(已知环境)	0.70
标准小跑	2.33	暗中(未知环境)	0.30
中跑	3.00	烟中(淡)	0.70
快跑	6.00	烟中(浓)	0.30
赛跑	8.00	用肘和膝爬	0.30
百米纪录	10.00	用手和膝爬	0.40
游泳纪录	1.70	用手和脚爬	0.50
没膝水中	0.70	弯腰走	0.60

2）疏散通道的群集流动系数。我们用群集流动系数来描述人群通过某一疏散通道空间断面的流动情况。群集流动系数等于单位时间内单位空间宽度通过的人数，其单位是人/（m·s）。

3.安全疏散距离

安全疏散距离一般是指从房间门（住宅户门）到最近的外部出口或楼梯间的最大允许距离。限制安全疏散距离的目的，在于缩短疏散时间，使人们尽快疏散到安全地点。根据建筑物使用性质以及耐火等级情况的不同，对安全疏散的距离也会提出不同要求，以便各类建筑在发生火灾时，人员疏散有相应的保障。

（1）直通向公共走道的房间门至最近的外部出口或封闭楼梯间的距离，应符合表4.9的要求。

（2）房间的门至最近的非封闭楼梯间的距离，如房间位于两个楼梯之间时，则应按表4.9的规定减少5 m，如房间位于袋形走道两侧或尽端时，则应按表4.9的规定减少2 m。

（3）楼梯间的首层应设置直通室外的安全出口或在首层采用扩大封闭楼梯间。当层数不超过4层时，可将直通室外的安全出口设置在离楼梯间不大于15 m处。

（4）不论采用何种形式的楼梯间，房间内最远一点到房门的距离不大于表4.9中规定的袋形走道两侧或尽端的房间从房门到外部出口或楼梯间的最大距离。

（5）一、二级耐火等级建筑内的观众厅、展览厅、多功能厅、餐厅、营业厅，其室内任一点至最近安全出口的直线距离不应大于40 m；当该场所直通安全出口时，其室内任何一点至最近安全出口的直线距离不应大于30 m。当该场所设置自动喷水灭火系统时，其安全疏散距离可增加25%。

表4.9　直通疏散走道的房间疏散门至最近安全出口的最大距离　　　　单位：m

名称		位于两个安全出口之间的疏散门			位于袋形走道两侧或尽端的疏散门		
		耐火等级			耐火等级		
		一、二级	三级	四级	一、二级	三级	四级
托儿所、幼儿园		25	20	15	20	15	12
歌舞娱乐游艺场所		25	20	15	20	15	12
单层或多层医院和疗养院建筑		35	30	25	20	15	12
高层医疗建筑院、疗养院	病房部分	24	不适用	不适用	12	不适用	不适用
	其他部分	30	不适用	不适用	15	不适用	不适用
单层或多层教学建筑		35	30	不适用	22	20	不适用
高层旅馆、展览建筑、教学建筑		30	不适用	不适用	15	不适用	不适用
其他建筑	单层或多层	40	35	25	22	20	15
	高层	40	不适用	不适用	20	不适用	不适用

注：1.设置敞开式外廊的建筑，开向该外廊的房间疏散门至安全出口的最大距离可按本表增加5 m。

　　2.建筑物内全部设置自动喷水灭火系统时，其安全疏散距离可按本表及表注1的规定增加25%。

（6）除特殊规定者外，建筑中安全出口的门和房间疏散门的净宽度不应小于0.9 m，疏散走道和疏散楼梯的净宽度不应小于1.1 m。

高层建筑的疏散楼梯、首层疏散外门和疏散走道的最小净宽度应符合表4.10的规定。

表 4.10　高层建筑的疏散楼梯、首层疏散外门和疏散走道的最小净宽度　　　　单位：m

高层建筑	疏散楼梯	首层疏散外门	走道	
			单面布房	双面布房
医疗建筑	1.30	1.30	1.40	1.50
其他建筑	1.20	1.20	1.30	1.40

（7）人员密集的公共场所、观众厅的疏散门不应设置门槛，其净宽度不应小于 1.4 m，且紧靠门口内外各 1.4 m 范围内不应设置踏步。

人员密集的公共场所的室外疏散小巷的净宽度不应小于 3.0 m，并应直通宽敞地带。

（8）剧院、电影院、礼堂、体育馆等人员密集场所的疏散走道、疏散楼梯、疏散门、安全出口的各自总宽度，应根据其通过人数和疏散净宽度指标计算确定，并应符合下列规定：

1）观众厅内疏散走道的净宽度应按每 100 人不小于 0.6 m 的净宽度计算，且不应小于 1.0 m；边走道的净宽度不宜小于 0.8 m。

在布置疏散走道时，横走道之间的座位排数不宜超过 20 排；纵走道之间的座位数：剧院、电影院、礼堂等，每排不宜超过 22 个；体育馆，每排不宜超过 26 个；前后排座椅的排距不小于 0.9 m 时，可增加 1.0 倍，但不得超过 50 个；仅一侧有纵走道时，座位数应减少一半。

2）剧院、电影院、礼堂等场所供观众疏散的所有内门、外门、楼梯和走道的各自总宽度，应按表 4.11 的规定计算确定。

表 4.11　剧院、电影院、礼堂等场所每 100 人所需最小疏散净宽度　　　　单位：m

观众厅座位数（座）			≤2 500	≤1 200
耐火等级			一、二级	三级
疏散部位	门和走道	平坡地面	0.65	0.85
		阶梯地面	0.75	1.00
	楼梯		0.75	1.00

3）体育馆供观众疏散的所有内门、外门、楼梯和走道的各自总宽度，应按表 4.12 的规定计算确定。

表 4.12　体育馆每 100 人所需最小疏散净宽度　　　　单位：m

观众厅座位数范围（座）			3 000 ~ 5 000	5 001 ~ 10 000	10 001 ~ 20 000
疏散部位	门和走道	平坡地面	0.43	0.37	0.32
		阶梯地面	0.50	0.43	0.37
	楼梯		0.50	0.43	0.37

注：表中较大座位数范围按规定计算的疏散总宽度，不应小于相邻较小座位数范围按其最多座位数计算的疏散总宽度。

4）有等场需要的入场门不应作为观众厅的疏散门。

（9）其他公共建筑中的疏散走道、安全出口、疏散楼梯和房间疏散门的各自总宽度，应按下列规定经计算确定：

1）每层疏散走道、安全出口、疏散楼梯和房间疏散门的每 100 人净宽度不应小于表 4.13

的规定;当每层人数不等时,疏散楼梯的总宽度可分层计算,地上建筑中下层楼梯的总宽度应按其上层人数最多一层的人数计算;地下建筑中上层楼梯的总宽度应按其下层人数最多一层的人数计算。

表 4.13　疏散走道、安全出口、疏散楼梯和房间疏散门每 100 人的净宽度　　　　单位:m

建筑层数	耐火等级		
	一、二级	三级	四级
地上一、二层	0.65	0.75	1.00
地上三层	0.75	1.00	不适用
地上四层及四层以上	1.00	1.25	不适用
与地面出入口地面的高差不大于 10 m 的地下层	0.75	不适用	不适用
与地面出入口地面的高差大于 10 m 的地下层	1.00	不适用	不适用

2)地下或半地下人员密集的厅、室和歌舞娱乐放映游艺场所,其疏散走道、安全出口、疏散楼梯和房间疏散门的各自总宽度,应按其通过人数每 100 人不小于 1.0 m 计算确定。

3)首层外门的总宽度应按该层及该层以上人数最多的一层人数计算确定,不供楼上人员疏散的外门,可按本层人数计算确定。

4)录像厅的疏散人数,应根据该厅的建筑面积按 1.0 人/m² 计算确定;其他歌舞娱乐放映游艺场所的疏散人数,应根据该场所内厅、室的建筑面积按 0.5 人/m² 计算确定。

5)有固定座位的场所,其疏散人数可按实际座位数的 1.1 倍确定。

6)商店的疏散人数应按每层营业厅建筑面积乘以表 4.12 规定的人员密度。对于家俱、建材商店和灯饰展示建筑,其人员密度可按表 4.14 规定值的 30% ~40% 确定。

表 4.14　商店营业厅内的疏散人数换算系数　　　　单位:人/m²

楼层位置	地下二层	地下一层	地上第一、二层	地上第三层	地上第四层及以上各层
换算系数	0.56	0.595	0.425 ~0.595	0.385 ~0.539	0.30 ~0.42

5 室外消防给水系统

5.1 室外给水系统的组成和分类

5.1.1 室外给水系统组成

合并的室外消防给水系统,其组成主要包括取水、净水和输配水 3 部分工程设施。由于水源水质、地形条件、用水对象要求等不同,所以其给水系统的组成也不尽相同。一般情况下,独立的室外消防给水系统,由于消防对水质无特殊要求(被易燃、可燃液体污染的水除外),所以可直接从水源取水供作消防用水。其组成主要包括取水和输配水 2 部分工程设施。

取水工程的主要工作任务就是从人工或天然水源中取水,并将其送至水厂或用户,一般应取到足量的、水质较好的水。消防车的吸水口就是取水工程中最简单的一种。

净水工程就是将取到的原水进行净水处理,使其能够满足用水对象对水质的要求。

输配水工程包括输水管道、配水管网、储水池及加压泵站,它的工作任务就是将水厂所生产的水送往用水对象,是给水系统的最后一道工序。无论生活、生产还是消防用水,一般都是通过管网提供。

室外消防给水系统与生活、生产给水合并的城市给水系统,其基本组成同水源有很大关联。以地面水为水源的给水系统基本组成,如图 5.1 所示;以地下水为水源的给水系统基本组成,如图 5.2 所示。

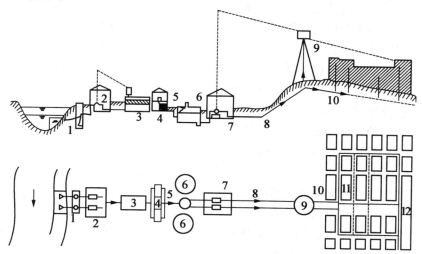

图 5.1　城市地面水源给水系统示意

1—取水构筑物;2—级泵站;3—沉淀设备;4—过滤设备;5—消毒设备;6—清水池;

7—二级泵站;8—输水管道;9—水塔或高位水池;10—配水管网

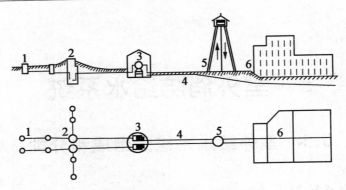

图 5.2　地下水源给水系统

1—水井;2—集水井;3—泵站;4—输水管;5—水塔;6—管网

5.1.2　室外给水系统分类

室外消防给水系统,按照消防水压要求可分为高压消防给水系统、临时高压消防给水系统与低压消防给水系统;按照其用途可分为生活、消防合用给水系统,生产、消防合用给水系统,生活、生产和消防合用给水系统,独立的消防给水系统;按照其管网布置形式分为环状管网给水系统与枝状管网给水系统。

1.高压消防给水系统

高压消防给水系统管网内会经常维持足够高的压力,火场上不需通过消防车或其他移动式消防水泵加压,从消火栓直接接出水带、水枪就能灭火。

该系统适用于有可能通过利用地势设置高位水池或设置集中高压水泵房的底层建筑群、建筑小区、城镇建筑、车库等对消防水压要求不高的场所。在此类系统中,室外高位水池的供水水量与供水压力能够满足消防用水的需求。

采用这种给水系统时,其管网内的压力,应确保生产、生活和消防用水量达到最大且水枪布置在保护范围内任何建筑物的最高处时,水枪的充实水柱不应小于 10 m。

室外高压消防给水系统最不利点消火栓栓口最低压力可按照下式进行计算:

$$H_s = H_P + H_q + h_d \qquad\qquad （公式 5.1）$$

式中　H_s——室外管网最不利点消火栓栓口最低压力,MPa;

　　　H_P——消火栓地面与最不利点静水压力,MPa;

　　　H_q——水枪喷嘴所需压力,MPa;

　　　h_d——6 条直径 65 mm 水带水头损失之和,MPa。

消火栓压力计算示意如图 5.3 所示。

2.临时高压消防给水系统

临时高压消防给水系统管网内在平时其压力不高,在泵站(房)内设置高压消防水泵,一旦发生火灾,将立刻启动消防水泵,临时加压使管网内的压力达到高压消防给水系统的压力要求。

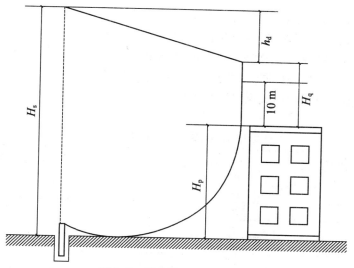

图5.3　消火栓压力计算示意

　　城镇,居住区、企事业单位的室外消防给水系统,在有可能通过利用地势设置高位水池时,或设置集中高压水压房,可采用高压消防给水系统,在通常情况下,如无市政水源,区内水源取自自备井的情况下,多采用临时高压消防给水系统。

　　高压与零时高压的消防给水系统给水管道为保证供水安全,应与生产生活给水管道分开设置,设置其独立消防管道,设计师应依据水源和工程的具体情况确定消防供水管道的形式。

　　3.低压消防给水系统

　　低压消防给水系统管网内的压力较低,在灭火时水枪所需要的压力,利用消防车或其他移动式消防水泵加压形成。为满足消防车吸水的需要,低压给水管网的最不利点消防栓压力应不小于0.1 MPa。

　　建筑的低压室外消防给水系统可同生产、生活给水管道系统合并。合并后的水压应能够满足在任何情况下都能保证全部用水量。

5.2　室外消防用水量

5.2.1　城镇、居民区室外消防用水量

　　城镇或居住区的室外消防用水量可按下式计算:

$$Q = Nq$$

（公式5.2）

式中　Q——城镇或居住区的室外消防用水量,L/s;

　　　　N——城镇或居住区同一时间内的火灾次数,次;

　　　　q——城镇或居住区一次灭火用水量,L/(s·次)。

　　1.城镇或居住区同一时间内的火灾次数

　　在较大的城镇或居住区内,可能会同时发生几起火灾,人们将在火灾延续时间内重叠发生的火灾次数称为同一时间内的火灾次数。

　　同一时间内的火灾次数会受到许多环境因素的影响。例如,城镇或居住区的规模、房屋

的建筑材料、房屋的建筑密度、房屋的建筑高度,以及季节、气候、电气设备的使用程度和人们的消防意识等诸多因素,而这些因素对同一时间内火灾次数的综合影响却是及其复杂的。目前,仅依据城镇或居住区的人口数来确定同一时间内的火灾次数。人口越多,城镇或居住区的规模也就会越大,相对而言,同一时间内的火灾次数也就越多。表5.1是根据多年火灾统计归纳总结出的同一时间内的火灾次数与人口数量的关系。

表5.1　城镇、居住区室外消防用水量

人数/万人	N/次	$q[L \cdot (s \cdot 次)^{-1}]$	人数/万人	N/次	$q[L \cdot (s \cdot 次)^{-1}]$
≤1.0	1	10	≤40.0	2	65
≤2.5	1	15	≤50.0	3	75
≤5.0	2	25	≤60.0	3	85
≤10.0	2	35	≤70.0	3	90
≤20.0	2	45	≤80.0	3	95
≤30.0	2	55	≤100.0	3	100

2. 城镇或居住区一次灭火用水量

城镇或居住区一次灭火用水量,应为同时使用的水枪数量和每支水枪平均用水量的乘积,即:

$$q = nq_f \qquad\text{(公式5.3)}$$

式中　　q——城镇或居住区一次灭火用水量,L/s;

　　　　n——同时使用的水枪数量,支;

　　　　q_f——每支水枪的平均用水量,L/(s·支)。

我国大多数城市的消防队第一出动力量到达火场时,常用2支口径为19 mm的水枪进行扑救初期火灾,每支水枪的平均出水量在5 L/s以上。所以,室外消防用水量最小不应小于10 L/s。

而对于较大的火灾,就需要出较多的水枪进行控制扑救。若采用管网来保证其消防扑救的用水量,目前根据我国国民经济水平具有一定困难。所以,确定一次灭火用水量,既要满足城镇基本安全的需要,同时又要兼顾国民经济的发展水平。

根据火场救灾实际用水量统计,城镇或居住区的一次灭火用水量随着城市人口的增加而增加。为保证城镇或居民区扑救初、中期火灾用水量的需要,其一次灭火用水量不应小于规定要求。

另外,应该指出,有时可能出现工厂、仓库、堆场、储罐区或民用建筑的室外消防用水量超过表5.1规定值,则此给水系统的消防用水量应按照工厂、仓库、堆场、储罐区或民用建筑的室外消防用水量计算。

5.2.2　工厂、仓库室外消防用水量

工业园区与居住小区,以及工厂、仓库、堆场、储罐(区)和民用建筑在同一时间内的火灾次数不应小于表5.2的规定。

表5.2 民用建筑和工厂、仓库、堆场、储罐(区)在同一时间内的火灾次数

名称	基地面积/(×10⁴m²)	附有居住区人数/万人	同一时间内的火灾次数/次	备注
工厂	≤100	≤1.5	1	按需水量最大的一座建筑物(或堆场、储罐)计算
		>1.5	2	工厂、居住区各一次
	>100	不限	1	按需水量最大的两座建筑物(或堆场、储罐)之和计算
仓库、民用建筑	不限	不限	2	按需水量最大的一座建筑物(或堆场、储罐)计算

针对以上条件及规范要求,工业与民用建筑物室外消火栓设计用水量应依据建筑物火灾危险性、火灾荷载以及点火源等因素综合确定,且不应小于表5.3的规定。

室外消防给水管道的布置应符合以下规定。

(1)室外消防给水管网应布置成环状,若低层建筑和汽车库在建设初期或室外消防用水量小于等于15 L/s时,则可布置成枝状。

(2)向环状管网输水的进水管的数量不宜少于两条,并宜从两条市政给水管道引入,当其中一条进水管发生故障时,其余进水管应仍能保证全部消防用水量。

表5.3 工业与民用建筑物室外消火栓用水量

耐火等级	建筑物名称及类别		建筑体积/m³				
			≤3 000	3 001~5 000	5 001~10 000	10 001~20 000	>20 000
			一次灭火用水量/(L·s⁻¹)				
一、二级	厂房	甲、乙	15	20	40	40	40
		丙	10	20	35	40	40
		丁、戊	10	10	20	20	20
	库房	甲、乙	15	20	30	40	—
		丙	15	20	25	30	40
		丁、戊	10	10	20	20	20
	民用建筑	多层	10	10	20	30	40
		高层住宅			20	30	30
		高层共建			20	30	30
	地下建筑/人防工程		10	20	30	30	40
	汽车库/修车库		10	20	30	30	40
三级	厂房或库房	乙、丙	20	30	40	40	40
		丁、戊	10	20	30	40	40
	多层民用建筑		20	30	40	40	40
四级	丁、戊类厂房或库房		10	20	30	40	—
	多层民用建筑		20	30	40	40	—

注:1. 室外消火栓用水量应按消防需水量最大的一座建筑物或一个防火分区计算。成组布置的建筑物应按消防需水量较大的相邻两座计算,且不应小于最大一座建筑物室外消防用水量的1.5倍。

2. 火车站、码头和机场的中转库房,其室外消火栓用水量应按相应耐火等级的丙类物品库房确定。

3. 国家级文物保护单位的重点砖木、木结构的建筑物室外消防用水量,按三级耐火等级民用建筑物消防用水量确定。

4. 国家级文物保护单位的重点砖木或木结构的古建筑的室外消防用水量执行三、四级耐火等级多层民用建筑的。

(3)环状管道应采用阀门分成若干个独立段,每段内室外消火栓的数量不宜超过 5 个,若两阀门之间消火栓的数量超过 5 个时,在管网上应加设阀门。

(4)室外消防给水管道的直径不应小于 DN100。

进水管(市政给水管与建筑物周围生活和消防合用的给水管网的连接管)和环状管网的管径可按照下式进行计算(按室外消防用水量进行校核)。

$$D = \sqrt{\frac{4Q}{\pi(n-1)v}} \qquad\qquad （公式 5.4）$$

式中　　D——进水管管径,m;

　　　　Q——生活、生产和消防用水总量,m^3/s;

　　　　n——进水管的数目,$n > 1$;

　　　　v——进水管的水流速度,m/s,一般不大于 2.5 m/s。

5.2.3　民用建筑室外消防用水量

1. 低层民用建筑室外消防用水量

低层民用建筑室外消防用水量,见表 5.4。

表 5.4　低层民用建筑物的室外消火栓用水量　　　　单位:L/(s·次)

耐火等级	建筑物类别		建筑体积/m^3					
			≤1 500	1 501~3 000	3 001~5 000	5 001~20 000	20 001~50 000	>50 000
一、二级	厂房	甲、乙	10	15	20	25	30	35
		丙	10	15	20	25	30	40
		丁、戊	10	10	10	15	15	20
	库房	甲、乙	15	15	25	25	—	—
		丙	15	15	25	25	35	45
		丁、戊	10	10	10	15	15	20
	民用建筑		10	15	15	20	25	30
三级	厂房或库房	乙、丙	15	20	30	40	45	—
		丁、戊	10	10	15	20	25	35
	民用建筑		10	15	20	25	30	—
四级	丁、戊类厂房或库房		10	15	20	25	—	—
	民用建筑		10	15	20	25	—	—

注:1. 室外消火栓用水量应按消防需水量最大的一座建筑物或一个防火分区计算。成组布置的建筑物应按消防需水量较大的相邻两座计算。

　　2. 火车站、码头和机场的中转库房,其室外消火栓用水量应按相应耐火等级的丙类物品库房确定。

　　3. 国家级文物保护单位的重点砖木、木结构的建筑物室外消防用水量,按三级耐火等级民用建筑物消防用水量确定。

2. 高层民用建筑室外消防用水量

高层民用建筑室外消防用水量,见表5.5。

表5.5　高层民用建筑消火栓给水系统的用水量

建筑物名称	建筑高度 /m	消火栓消防用水量		每根竖管 最小流量	每支水枪 最小流量
		室外	室内		
普通住宅	≤50	15	10	10	5
	>50	15	20	10	5
①高级住宅 ②医院 ③二类建筑的商业楼、展览楼、综合楼、财贸金融楼、电信楼、商住楼、图书馆、书库	≤50	20	20	10	5
④省级以下的邮政楼、防灾指挥高度楼、广播电视楼、电力调度楼 ⑤建筑高度不超过50 m的教学楼和普通的旅馆、办公楼、科研楼、档案楼等	>50	20	30	15	5
①高级旅馆 ②建筑高度超过50 m或每层建筑面积超过1 000 m²的商业楼、展览楼、综合楼、财贸金融楼、电信楼 ③建筑高度超过50 m或每层建筑面积超过1 500 m²的商住楼 ④中央和省级(含计划单列市)广播电视楼 ⑤网局级和省级(含计划单列市)电力调度	≤50	30	30	15	5
⑥省级(含计划单列市)邮政楼、防灾指挥调度楼 ⑦藏书超过100万册的图书馆、书库 ⑧重要的办公楼、科研楼、档案楼 ⑨建筑高度超过50 m的教学楼和普通的旅馆、办公楼、科研楼、档案楼等	>50	30	40	15	5

5.3　室外消防类型和消火栓布置

5.3.1　室外消防类型

按照设置条件,室外消火栓可分为地上式消火栓与地下式消火栓两种。

1. 地上式消火栓

地上式消火栓大部分露出地面,具有目标明显、易于寻找以及出水操作方便等特点,能够适应于气温较高地区。但地上式消火栓容易冻结、易损坏,在某些场合会妨碍交通,影响市容。一般在我国南方温暖地区宜采用地上式消火栓。

地上式消火栓是由本体、进水弯管、阀塞、出水口与排水口组成,如图 5.4 所示。目前,地上式消火栓有两种型号:一种是 SS100,另一种是 SS150。其主要性能参数见表 5.6。

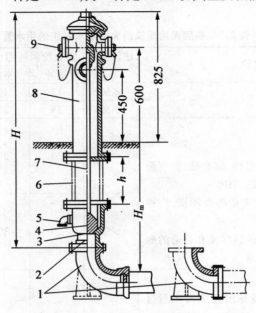

图 5.4 地上式消火栓

1—弯管;2—阀体;3—阀座;4—阀瓣;5—排水阀;6—法兰接管;7—阀杆;8—本体;9—KWS65 型接口

表 5.6 地上式消火栓主要性能参数

型号	公称通径 /mm	进水口径 /mm	出水口径 /mm	公称压力/Pa	外形尺寸 /(mm × mm × mm)	质量/kg
SS100	100	100	100 65 × 2	16×10^5	400 × 340 × 1 515	135 ~ 140
SS150	150	150	150 65 × 2	16×10^5	335 × 450 × 1 590	191

2. 地下式消火栓

地下式消火栓设置在消火栓井内,具有不易冻结、不易损坏以及便利交通等优点,能够适应于北方寒冷地区使用。但地下式消火栓操作起来不便,目标不明显,特别是在下雨天、下雪天和夜间。所以,要求在地下式消火栓旁设置明显标志。

地下式消火栓是由弯头、排水口、阀塞、丝杆、丝杆螺母以及出水口等组成,如图 5.5 所示。目前地下式消火栓有三种型号,分别为 SX65,SX100 与 SX65 – 10。其主要性能参数见表 5.7。

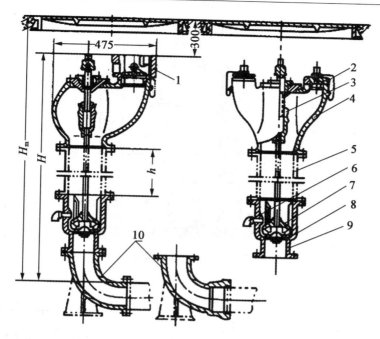

图5.5 地下式消火栓

1—连接器座;2—KWX型接口;3—阀杆;4—本体;5—法兰接管;

6—排水阀;7—阀瓣;8—阀座;9—阀体;10—弯管

表5.7 地下消火栓主要性能参数

型号	进水口		出水口		工作压力 /Pa	开启高度 /mm	外形尺寸 /(mm×mm×mm)	质量/kg
	类型	口径/mm	类型	口径/mm				
SX65	法兰式	100	接扣式	65×2	<16×10^5	50	472×285×1 010	≤130
SX100	法兰式	100	连接器式	100	<16×10^5	50	476×285×1 050	≤130
SX65 – 10	承插式	100	接扣式	65×2	<16×10^5	50	472×285×1 040	≤115

为了使用及检修方便,地下式消火栓井的尺寸大小可参考图5.6。

按照压力室外消火栓可分为低压消火栓与高压消火栓两种。设置在室外低压消防给水系统管网上的消火栓,被称为低压消火栓。低压消火栓供消防车取水灭火所使用;而设置在室外高压或临时高压消防给水系统管网上的消火栓,则被称为高压消火栓。高压消火栓直接接出水龙带、水枪进行灭火,不需消防车或其他移动式消防水泵加压。其技术要求见表5.8。

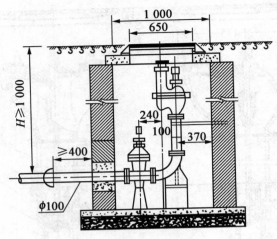

图 5.6　地下消火栓井

表 5.8　室外消火栓技术要求

序号	名称	流量 */(L·s⁻¹)	水枪/支	保护半径/m	布置间距/m	安装要求
1	低压消火栓	10～15	2	150	<120	给水排水标图有关图纸
2	高压消火栓	5～6.5	1	100	<60	

注:1. 流量按充实水柱长度为 10～15 m,水枪喷嘴按 19 mm 考虑。

　　2. 低压消火栓保护半径按消防车最大供水距离 180 m,留给水枪手 10 m 机动水带。水带地面铺设系数
　　　按 0.9 计,则保护半径为 153 m,按 150 m 计。

　　3. 高压消火栓采用 6 条 65 mm 麻质水带干线,消防车最大供水距离 120 m,留给水枪手 10 m 机动水带,
　　　水带地面铺设系数按 0.9 计,则保护半径为 99 m,按 100 m 计。

　　4. 在城市消火栓的保护半径 150 m 以内,消防用水量不超过 15 L/s 时,可不再设室外消火栓。

5.3.2　消防栓布置

1. 室外消火栓的设置要求

室外消火栓的布置要求:室外消火栓应沿道路设置,宽度超过 60 m 的道路,为防止水带穿越道路影响交通或被轧压,宜将消火栓在道路两侧布置,为使用方便,十字路口应设有消火栓。

消火栓与路边的距离不应超过 2 m,距建筑物外墙不宜小于 5 m。此外,室外消火栓应沿高层建筑均匀设置,距离建筑外墙不宜大于 40 m。甲、乙、丙类液体储罐区以及液化石油气储罐区的消火栓,均应设在防火堤外。

室外消火栓应沿高层建筑周围均匀进行布置,不宜集中布置在建筑物一侧。室外消火栓的间距不应大于 120 m,且保护半径不应大于 150 m;在市政消火栓保护半径 150 m 以内,若室外消防用水量不超过 15 L/s,则可以不设置室外消火栓。

2. 室外消火栓的数量

室外消火栓的数量应根据其保护半径及室外消防用水量等综合计算确定,每个室外消火栓的用水量应按 10～15 L/s 计算;与保护对象的距离在 5～40 m 范围内的市政消火栓,可计入在室外消火栓的数量之内。

室外消火栓的数量按下式进行计算：

$$N \geqslant \frac{Q_y}{q_y} \qquad (公式5.5)$$

式中　N——室外消火栓个数，个；

　　　　Q_y——室外消火栓用水量，L/s；

　　　　q_y——每个室外消火栓的用水量，10~15 L/s。

3. 室外消防系统设计实例

某工业厂区规划的建筑总占地面积 47 692 m²，总建筑面积 15 187 m²，绿化用地面积 4 907 m²。工业建筑物均为钢结构建筑，1~3 层不等，以单层生产厂房为主，辅以 3 层办公楼以及食堂等配套建筑。厂内由综合厂房（体积 85 000 m³）、镶边车间（体积 26 139 m³）、拉丝车间（体积 6 736 m³）、职工食堂（体积 3 268 m³）、办公楼（体积 5 946 m³）及锅炉房、仓库、消防泵站等组成。各建筑的耐火等级均为二级，依据该厂生产产品的工艺条件，该厂工业建筑生产的火灾危险性分类为丙类，应设置室内消火栓。

水源：该工业区暂时没有市政管网供水，现将小区内的自备深井作为供水水源。

（1）室外消火栓用水量的确定。

由表 5.2 可知，该厂区同一时间内火灾次数为 1 次。厂区内消防用水量应按最大的综合厂房（体积为 85 000 m³）计算，根据表 5.3 可知，该厂区的室外消防用水量为 40 L/s。

（2）室外消防系统供水方式的确定。

由于没有市政水源，由自备深井作为供水水源，且工业厂房内需设置室内消火栓，所以室外消防系统可采用与室内消火栓合用的临时高压消防系统。也就是在室外设置消防水池，储存室内外的消防用水量，室外消防管网成环状布置，利用室内外消防合用泵向环状消防管网输水，在区内最高建筑处设屋顶消防水箱，以保证室外消防管网的水压及水量的恒定。

（3）室外消防管网的计算。

由式 $D = \sqrt{\dfrac{4Q}{\pi(n-1)v}}$ 可确定出环状管网和连接管的管径：DN = 200 mm。

（4）室外消火栓数量的确定及布置。

由于厂区周围 5~40 m 范围内无市政消火栓，所以消火栓数量应经计算确定。根据式 $N \geqslant \dfrac{Q_y}{q_y}$，厂区室外消火栓用水量为 40 L/s，则该厂区四周 40 m 范围内至少应设置三个室外消火栓。室外消防管线沿道路设置成环状布置，同时按照消火栓的保护半径不应大于 150 m，间距不应大于 120 m 的要求，进行室外消火栓的布置。

6 建筑室内消火栓给水系统

6.1 室内消火栓给水系统类型和设置原则

6.1.1 室内消火栓给水系统设置原则

1.高、低层建筑室内消火栓系统的区别

（1）低层建筑室内消火栓给水系统。

在建筑高度不超过 10 层的住宅及小于 24 m 的建筑物内,装设的室内消火栓给水系统,称为低层建筑室内消火栓给水系统。

低层建筑发生火灾,通过消防车从室外消防水源抽水,接出水带和水枪就能直接有效地扑救建筑物内发生的任何火灾,所以低层建筑室内消火栓给水系统是供扑救建筑物内的初期火灾使用的。这种系统的特点是消防用水量少,水压低,常常与生活或生产给水系统合用一个管网系统,只有在合并不经济或技术上不可能时,才分开独立地设置。

（2）高层建筑室内消火栓给水系统。

在建筑高度 10 层及其以上的住宅,或超过 24 m 的其他高层建筑物内,所设置的室内消火栓给水系统,被称为高层建筑室内消火栓给水系统。

高层建筑发生火灾,由于受到消防车水泵压力和水带的耐压强度等的限制影响,一般不能直接利用消防车从室外消防水源抽水送到高层部分进行扑救,而主要通过室内设置的消火栓给水系统来扑救,即高层建筑灭火必须立足于自救。所以,这种系统要求的消防用水量大,水压高。一般情况下,与其他灭火系统分开独立设置,其系统组成结构如图 6.1 所示。

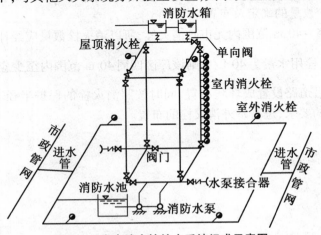

图6.1 室内消火栓给水系统组成示意图

2.应设置室内消火栓给水系统的建筑物

（1）高层工业建筑与低层建筑。

　　1)建筑占地面积大于300 m²的厂房、库房(耐火等级为一、二级且可燃物较少的丁、戊类厂房、库房,耐火等级为三、四级且建筑体积不超过3 000 m³的丁类厂房以及建筑体积不超过5 000 m³的戊类厂房除外)以及建筑高度不超过24 m的科研楼(存有与水接触能引起燃烧爆炸的房间除外)。建筑物的耐火等级产生的火灾危险性见相关的防火规范。

　　2)礼堂、体育馆的座位超过1 200座;电影院、剧院、俱乐部的座位超过800座。

　　3)体积超过5 000 m³的车站,码头、机场建筑物以及商店、展览馆、病房楼、门诊楼、教学楼、图书馆等。

　　4)超过7层的住宅。

　　5)超过5层或体积超过10 000 m³的教学楼、办公楼、非住宅类居住等其他民用建筑物。

　　6)国家级文物保护的重点砖木或木结构的古建筑。

　　(2)高层民用建筑。

　　(3)人防建筑工程。

　　1)作为医院、商场、旅馆、展览厅,体育场、旱冰场、舞厅、电子游艺场等使用,其面积超过300 m²时。

　　2)作为餐厅、丙类及丁类生产车间、丙类和丁类物品库房使用,其面积超过450 m²时。

　　3)作为消防电梯间的前室。

　　4)作为电影院、礼堂使用时。

　　(4)停车库、修车库。

　　3.设置消防水喉的建筑物

　　下列建筑物除设置室内消火栓外,宜加设消防软管卷盘或自救式消火栓。

　　(1)低层与多层建筑中,设有空气调节系统的旅馆、办公楼以及超过1 500座的剧院(会堂),其闷顶内安装有面灯部位的马道处,宜增设消防卷盘;建筑面积大于200 m²的商业服务网点应装设消防卷盘。

　　(2)高层民用建筑中的高级旅馆,重要的办公楼;一类建筑中的展览楼、商业楼、综合楼应增设消防卷盘或自救式消火栓。

　　(3)在建筑高度超过100 m的高层建筑内应增设消防卷盘或自救式消水栓。

6.1.2　室内消火栓给水系统类型

　　按照压力和流量是否能够满足系统要求,室内消火栓给水系统可分为常高压消火栓给水系统、临时高压消火栓给水系统与低压消火栓给水系统三种类型。

　　1.常高压消火栓给水系统

　　常高压消火栓给水系统的水压及流量在任何时间和地点都能够满足灭火时所需要的压力及流量,系统中不再需要设消防泵的消火栓给水系统,如图6.2所示。两路不同城市给水干管供水,常高压消防给水系统管道的压力应确保用水量达到最大且水枪在任何建筑物的最高处时,水枪的充实水柱高度不小于10 m。

　　2.临时高压消火栓给水系统

　　临时高压消火栓给水系统的水压及流量平时不完全满足灭火时的需要,在灭火时启动消防泵。当采用稳压泵稳压时,可满足压力,但水量不满足;当采用10 min屋顶消防水箱稳压时,高层建筑物的下部可满足压力及流量,建筑物的上部不满足压力及流量,如图6.3所示。

临时高压消防给水系统,多层建筑物管道的压力应确保用水量达到最大且水枪在任何建筑物的最高处时,水枪的充实水柱高度仍不小于 10 m;高层建筑应满足室内最不利点充实水柱的水量及水压要求。

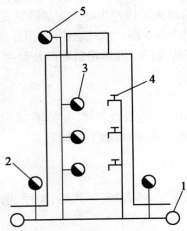

图 6.2　常高压消火栓给水系统
1—室外管网;2—室外消火栓;3—室内消火栓;4—生活给水点;5—屋顶实验用消火栓

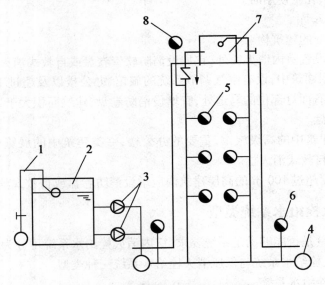

图 6.3　临时高压消火栓给水系统
1—临时管网;2—水池;3—消防水泵组;4—室外环网;5—室内消火栓;
6—室外消火栓;7—高位水箱和补水管;8—屋顶实验用消火栓

3.低压消火栓给水系统

低压消火栓给水系统只能满足或者部分满足消防水压和水量要求。救火时可由消防车或消防水泵提升压力,或作为消防水池的水源水,利用消防水泵提升压力,如图 6.4 所示。低压给水系统,管道的压力应能保证灭火时最不利点消火栓的水压不小于 0.10 MPa(从地面算起)。

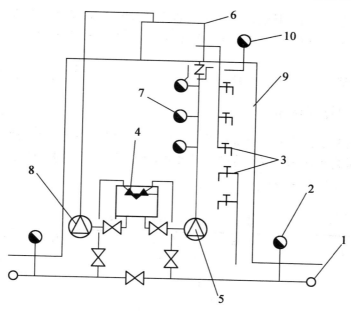

图 6.4 低压消火栓给水系统
1—市政管网;2—室外消火栓;3—室内生活用水点;4—消防水池;5—消防泵;
6—水箱;7—室内消火栓;8—生活水泵;9—建筑物;10—屋顶实验用消火栓

6.2 室内消火栓布置

6.2.1 室内消火栓布置要求

（1）凡设有室内消火栓的建筑物内,其各层(无可燃物的设备层除外)均应设置消火栓,并应设置在明显的、经常有人出入、并且使用方便的地方。为了使在场人员能及时发现及使用消火栓,室内消火栓应有明显的标志。消火栓应涂红色,且不应将其伪装成其他东西。

（2）室内消火栓栓口距离地面高度应为 1.1 m,为减小局部水头损失,并且便于操作,其出水方向宜向下或与设置消火栓的墙面成 90°角。

（3）由于消防电梯前室是消防人员进入室内扑救火灾的进攻桥头堡。所以为便于消防人员向火场发起进攻或开辟道路,在消防电梯前室应设置室内消火栓。

（4）冷库内的室内消火栓为避免冻结损坏,一般应设在常温的穿堂或楼梯间内。冷库进人闷顶的入口处,应设置消火栓,以便于扑救顶部保温层的火灾。

（5）在同一建筑物内应采用统一规格的消火栓、水带及水枪,以利管理和使用。每根水带的长度不应超过 25 m。在每个消火栓处应设消防水带箱。消防水带箱宜采用玻璃门,不应采用封闭的铁皮门,以便于在发生火灾时敲碎玻璃使用消火栓。

（6）消火栓栓口处的出水压力超过 5.0×10^5 Pa 时,应设减压设施。减压设施通常为减压阀或减压孔板。

（7）在高层工业与民用建筑以及水箱不能满足最不利点消火栓水压要求的其他低层建

筑中,每个消火栓处应设置直接启动消防水泵的按钮,以便能够及时启动消防水泵,供应火场用水。按钮应设有保护设施,如放在消防水带箱内,或放在有玻璃保护的小壁龛内,以免误操作。

（8）设有室内消火栓给水系统的建筑物内,在其屋顶应设置试验和检查用的消火栓。

6.2.2　室内消火栓用水量

在建筑物内设有消火栓及自动喷水灭火设备时,其室内消防用水量应按照需要同时开启的上述设备用水量之和计算。室内消火栓用水量应依据同时使用水枪数量以及充实水柱长度,由计算决定,但不应小于表6.1的规定。

表6.1　室内消火栓的用水量

建筑物名称		高度 h/m、层数、面积 V/m²、火灾危险性		消火栓用水量 /(L·s⁻¹)	每根竖管最小流量/(L·s⁻¹)
工业建筑	厂房	$h \leqslant 24$	$V \leqslant 10\,000$ 丙	20	10
			$V \leqslant 10\,000$ 其他	10	10
			$V > 10\,000$ 丙	20	10
			$V > 10\,000$ 其他	10	10
		$24 < h \leqslant 50$		20	10
		$h > 50$		30	15
	仓库	$h \leqslant 24$	$V \leqslant 10\,000$ 丙	20	10
			$V \leqslant 10\,000$ 其他	10	10
			$v > 5\,000$ 丙	30	10
			$v > 5\,000$ 其他	20	10
		$24 < h \leqslant 50$		30	15
		$h > 50$		40	20
民用建筑	公共建筑	$h \leqslant 24$	$V \leqslant 10\,000$	10	10
			$m > 10\,000$	20	10
		$24 < h \leqslant 50$		30	15
		$h > 50$		40	20
	住宅建筑	多层	8、9层	10	10
			通廊式住宅	10	10
		高层	$h \leqslant 50$ m	10(20)	10
			$h > 50$ m	20(30)	10(15)
国家级文物保护单位的重点砖木或木结构的古建筑		$V \leqslant 10\,000$		10	10
		$V > 10\,000$		20	10
汽车库/修车库				10	10
人防工程或地下建筑		$V \leqslant 5\,000$		10	10
		$5\,000 < V \leqslant 10\,000$		20	10
		$V > 10\,000$		30	15

注:1. 丁、戊类高层工业建筑室内消火栓的用水量可按本表减少 10 L/s,同时使用水枪数量可按本表减少2支。

　　2. 增设消防水喉设备,可不计入消防用水量。

6.2.3 室内消火栓布置间距

要求设置消火栓给水系统的低层建筑及高层建筑,除无可燃物的设备层外,其余各层均应装设消火栓。一般应确保同层相邻 2 个消火栓射出的充实水柱能同时到达室内任何部位。但对于建筑高度 $H \leqslant 24$ m,且体积 $V \leqslant 5\ 000$ m³ 库房可以采用一支水枪的充实水柱射到室内任何部位。布置间距由图 6.5 所示的方法确定。

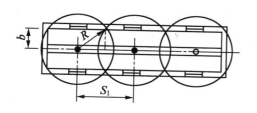

(a)单排1股水柱到达室内任何部位

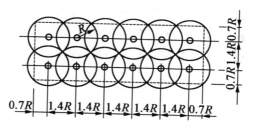

(c)多排1股水柱到达室内任何部位

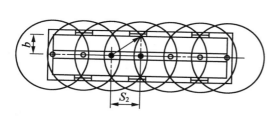

(b)单排2股水柱到达室内任何部位

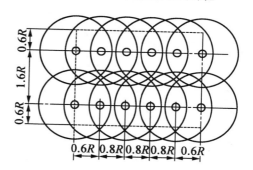

(d)多排2股水柱到达室内任何部位

图 6.5 消火栓布置间距

(1)消火栓间距。

其布置间距计算分别为:

1)单排消火栓 1 股水柱到达室内任何部位的间距(见图 6.5a):

$$S_1 = 2\sqrt{R^2 - b^2} \qquad (公式 6.1)$$

式中 S_1——消火栓间距,m;

R——消火栓保护半径,m;

b——消火栓最大保护宽度,m。

2)单排消火栓 2 股水柱到达室内任何部位的间距(见图 6.5b):

$$S_2 = \sqrt{R^2 - b^2} \qquad (公式 6.2)$$

式中 S_2——单排消火栓 2 股水柱到达时的间距,m。

3)多排消火栓 1 股水柱到达室内任何部位时的消火栓间距(见图 6.5c):

$$S_n = \sqrt{2}R = 1.41R \qquad (公式 6.3)$$

式中 S_n——多排消火栓 1 股水柱的消火栓间距,m。

4)多排消火栓 2 股水柱到达室内任何部位时的消火栓间距(见图 6.5d)。

消火栓保护半径 R 计算式：

$$R = cL_d + h$$

（公式 6.4）

式中　c——水带展开时的弯曲折减系数，一般取 0.8 ~ 0.9；

　　　L_d——水带长度，m；

　　　h——水枪充实水柱倾斜 45°时的水平投影长度，对一般建筑（层高 3 ~ 3.5 m），由于净高的限制，一般按 $h = 3$ m 计；对于层高大于 3.5 m 的建筑，$h = H_m \sin 45°$；

　　　H_m——水枪充实水柱长度，m。

消火栓应设在走道、楼梯附近等明显易于取用的地点，其间距按式(6.1) ~ (6.4)计算。但高层建筑应不大于 30 m，高层建筑裙房及低层建筑应不大于 50 m。

7 自动喷水灭火系统

7.1 自动喷水灭火系统定义和分类

7.1.1 自动喷水灭火系统定义

自动喷水灭火系统,是指利用加压设备,将水通过管网送至带有热敏元件的喷头,喷头在火灾的热环境中自动开启喷水灭火,同时能够发出火警信号的自动灭火系统,是当今世界上公认的最为有效的、应用最广泛、用量最大的自动灭火系统。

从其灭火的效果来看,凡发生火灾时可以用水灭火的场所,均可以使用自动喷水灭火系统。但鉴于我国的经济发展状况,仅要求对发生火灾频率高、火灾危险等级高的建筑中某些部位安装自动喷水灭火系统。我国现行的《自动喷水灭火系统设计规范》(附条文说明)[2005 年版](GB 50084—2001)规定,自动喷水灭火系统应在人员密集、不易疏散、外部增援灭火与救援较困难或火灾危险性较大的场所中设置。规范同时又规定自动喷水灭火系统不适用于存在较多下列物品的场所:

(1)遇水发生爆炸或加速燃烧的物品。

(2)遇水发生剧烈化学反应或产生有毒有害物质的物品。

(3)洒水将导致喷溅或沸溢的液体。

7.1.2 自动喷水灭火系统分类和特点

1.湿式自动喷水灭火系统

湿式自动喷水系统是世界上使用最早、应用最广泛、灭火速度快、控火率较高,同时也是系统比较简单的一种自动喷水灭火系统。

(1)系统组成和工作原理。

湿式喷水灭火系统是由闭式喷头、管道系统、湿式报警阀、报警装置以及供水设施等组成,如图 7.1 所示。由于该系统在报警阀的前后管道内始终充满着压力水,所以称为湿式喷水灭火系统或湿管系统。

火灾发生时,高温火焰或高温气流使闭式喷头的热敏感元件炸裂或熔化脱落,喷水灭火。此时,管网中的水由静止状态变为流动状态,则水流指示器被感应送出电信号。在报警控制器上指标某一区域已在喷水,持续喷水导致湿式报警阀的上部水压低于下部水压,原来处于关闭状态的阀片将自动开启。此时,压力水通过湿式报警阀,流向干管及配水管,同时水进入延迟器,继而压力开关启动、水力警铃发出火警声号。此外,压力开关直接联锁自动启动消防水泵或依据水流指标器与压力开关的信号,控制器自动启动消防水泵向管网加压供水,以达到持续自动喷水灭火的目的。

(2)应用范围。

由于始终充满水的系统管网会受到环境温度的影响,该系统只适用于室内温度为 4 ~ 70 ℃的建筑物、构筑物。

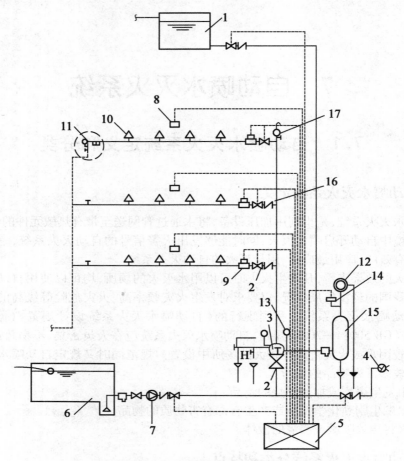

图 7.1　湿式自动喷水灭火系统

1—高位水箱；2—消防安全信号阀；3—湿式报警阀；4—水泵接合器；5—控制箱；6—储水池；
7—消防水泵；8—感烟探测器；9—水流指示器；10—闭式喷头；11—末端试水装置；12—水力警铃；
13—压力表；14—压力开关；15—延迟器；16—节流孔板；17—自动排气阀

2. 干式自动喷水灭火系统

（1）系统组成。

干式喷水灭火系统相似于湿式喷水灭火系统，只是报警阀的结构和作用原理不同。系统通常由闭式喷头、管道系统、充气设备、干式报警阀、报警装置以及供水设备等组成，如图 7.2 所示。其喷头应采用直立型喷头向上设置，或者采用干式下垂喷头。

（2）系统工作原理。

平时干式报警阀前与水源相连并且充满水，干式报警后的管路充以压缩空气，报警阀处于关闭状态。当发生火灾时，闭式喷头热敏感元件动作，喷头首先喷出压缩空气，使管网内的气压逐渐下降，当气压降至某一值时干式报警阀的下部水压力大于上部气压力，干式报警阀打开，压力水进入供水管网，将剩余压缩空气通过已打开的喷头处推赶出去，然后再喷水灭火；干式报警阀处的另一路压力水则进入信号管，推动水力警铃与压力开关报警，并启动水泵加压供水。干式系统的主要工作过程同湿式喷水灭火系统无本质区别，只是在喷头动作之后有一个排气过程，这将降低灭火的速度及效果。对于较大的干式喷水灭火系统，常在其干式报警阀出口管道上，添设一个"排气加速器"装置，以加快报警阀的启动过程，使压力水迅速进入充气管网,缩短排气时间,及早喷水灭火。

（3）应用范围。

适用于室内温度低于4 ℃或高于70 ℃的建（构）筑物。干式喷水灭火系统管网的容积不宜超过1 500 L,当装有排气装置时,不宜超过3 000 L。

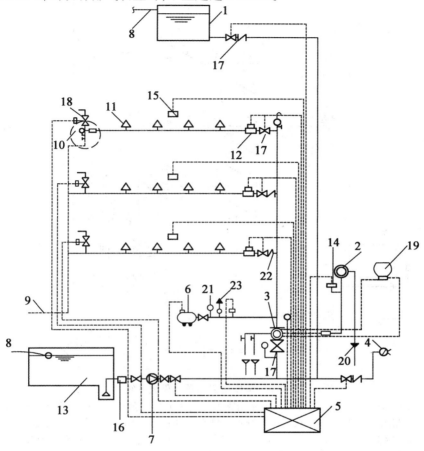

图7.2　干式自动喷水灭火系统

1—高位水箱;2—水力警铃;3—干式报警阀;4—消防水泵接合器;5—控制箱;6—空压机;
7—消防水泵;8—水箱、水池进水管;9—排水管;10—末端试水装置;11—闭式喷头;12—水流指示器;
13—水池;14—压力开关;15—火灾探测器;16—过滤器;17—消防安全信号阀;18—排气阀;19—加速器;
20—排水漏斗;21—压力表;22—节流孔板;23—安全阀

3.干湿式自动喷水灭火系统

干湿式喷水灭火系统,通常由闭式喷头、管道系统、充气双重作用阀（又称干湿式报警阀）、报警装置以及供水设备等组成,这种系统具有湿式与干式喷水灭火系统的性能,安装在冬季采暖期不长的建筑物之内,当寒冷季节为干式系统,温暖季节则为湿式系统,系统形式基本相同于干式系统,主要区别是报警阀采用的是干湿式报警阀。

4.预作用自动喷水灭火系统

（1）系统组成。

预作用喷水灭火系统通常由闭式喷头,管道系统、预作用阀、报警装置、供水设备、探测器以及控制系统等组成,如图7.3所示。

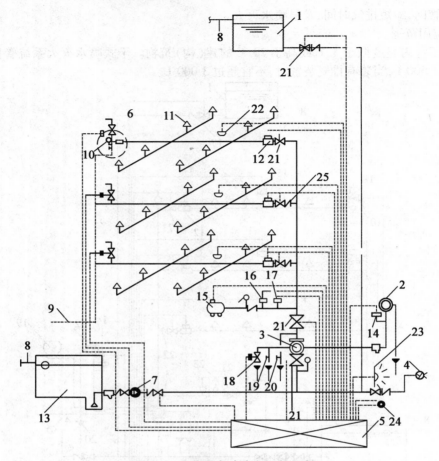

图7.3　预作用自动喷水灭火系统

1—高位水箱;2—水力警铃;3—预作用阀;4—消防水泵接合器;5—控制箱;6—排气阀;
7—消防水泵;8—水箱、水池进水管;9—排水管;10—末端试水装置;11—闭式喷头;
12—水流指示器;13—水池;14—压力开关;15—空压机;16—低压报警压力开关;
17—控制空压机压力开关;18—电磁阀;19—手动启动阀;20—泄放阀;21—消防安全信号阀;
22—探测器;23—电警铃;24—应急按钮;25—节流孔板

（2）系统工作原理。

预作用系统在预作用阀后的管道中,平时不充水而是充以压缩空气或氮气,或为空管,闭式喷头与火灾探测器同时布置在保护区域内,发生火灾时探测器启动,并发出火警信号,报警器核实信号无误后,发出动作指令,打开预作用阀,并开启排气阀使管网充水待命,另外,管网充水时间不应超过3 min。随着火势的逐渐扩大,闭式喷头上的热敏元件熔化或炸裂,喷头自动喷水灭火,系统中的控制装置依据管道内水压的降低自动开启消防泵进行灭火。

（3）应用范围。

该系统既有早期发现火灾并报警的性能,又有自动喷水灭火的性能。所以,安全可靠性高,为了能向管道内迅速充水,应在管道末端设置排气阀门;为了灭火后能及时排除管道内积水,应设排水阀门,它适用于在平时不允许有水渍损害的高级重要的建筑物内或干式喷水灭火系统所适用的场所。

利用有压气体来作为系统启动介质的干式系统、预作用系统,其配水管道内的气压值,应按照报警阀的技术性能确定;通过有压气体检测管道是否严密的预作用系统,配水管道内的气压值不宜小于0.03 MPa,且不宜大于0.05 MPa。

5.重复启闭预作用灭火系统

(1)系统组成和工作原理。

该系统是由预作用自动喷水灭火系统发展而形成的,这种系统不但像预作用系统一样能够自动喷水灭火,而且在火被扑灭后能够自动关闭,在火复燃后还能够再次开启灭火。重复启闭预作用灭火系统组成,如图7.4所示。

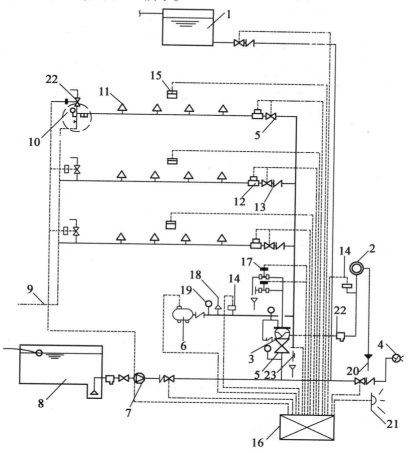

图7.4　重复启闭预作用系统

1—高位水箱;2—水力警铃;3—水流控制阀;4—消防水泵接合器;5—消防安全信号阀;6—空压机;
7—消防水泵;8—水池;9—排水管;10—末端试水装置;11—闭式喷头;12—水流指示器;
13—节流孔板;14—压力开关;15—探测器;16—控制箱;17—电磁阀;18—安全阀;19—压力表;
20—排水斗;21—电警铃;22—排气阀;23—排水阀

该系统能重复启闭,其核心组成是一个水流控制阀与定温补偿型感温探测系统。水流控制阀(也称液动雨淋阀)如图7.5所示。阀板是一个与橡皮隔膜圈相连的圆形阀板,可以垂直升降,阀板将A,C两室隔开。A室与水源相连接,A,C室由一压力平衡管相连,A,C室水压相等。因为阀板上部面积大于下部面积,加上阀板上的小弹簧与阀板自重,使阀板关闭。只有当C室上方排水管上的电磁阀开启排水,C室压力降至A室的1/3时,阀板上升,供水经过B室进入管网,若喷头开启便能出水灭火。排水管上的2个电磁阀,是由火灾防护区上部的定温补偿型感温探测器所控制的。

　　防护区发生火灾,系统开启喷水灭火的过程与预作用灭火系统相同。当火灾被扑灭,环境温度下降到57~60 ℃时,感温探测器复原,电磁阀缓慢关闭,因为平衡管不断水,所以最终使 C,A 室水压达到平衡,阀板落下关闭。从电磁阀开始关闭到水流控制阀板关闭的时间由定时器所控制,通常为 5 min。若火灾复燃,则定温型感温探测器再次发出信号开启电磁阀排水,喷头重新喷水灭火。

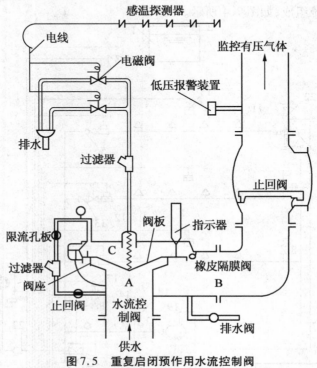

図 7.5　重复启闭预作用水流控制阀

　　(2)应用范围。

　　适用于平时不允许有水渍损害的高等级重要建筑物;必须在灭火后能够及时停止喷水的场所。

　　6.闭式自动喷水—泡沫联用系统

　　(1)系统组成。

　　在闭式自动喷水灭火系统中装设泡沫液供给设备,便可组成闭式自动喷水—泡沫联用系统。图 7.6 所示为湿式自动喷水灭火系统配置泡沫罐、泡沫罐控制阀、比例混合器后组成的湿式自动喷水—泡沫联用灭火系统。

　　(2)系统工作原理。

　　在系统保护区内任意处发生火灾,火源上方闭式喷头周围的温度达到喷头的动作温度时,喷头将开启喷水,报警阀打开,水力警铃报警,同时压力开关与喷水区水流指示器动作,消防水泵启动。压力水进入泡沫罐挤压泡沫胶囊,被挤压出的泡沫液经泡沫控制阀进入比例混合器,按照比例(3%或6%)与压力水相混合进入管网,泡沫溶液从喷头喷出灭火。

　　(3)应用范围。

　　1)加油站、炼油厂、油罐区、油变压器室等。

　　2)停车库、柴油机房、发电机房、锅炉房等有可燃液体存在的场合。

3)A,B类混合火灾,如塑料、橡胶或其他合成纤维材料。

4)A类火灾,特别是固体可燃物的阴燃火灾特别有效。

(4)系统设计计算。

1)湿式自动喷水—泡沫联用系统从喷水到喷泡沫的时间,按 4L/s 流量计算,不大于 3 min。

2)持续喷泡沫时间不小于 10 min。

3)泡沫比例混合器应在流量不小于 4 L/s 时,泡沫灭火剂与水的混合比例:对于非水溶性液体火灾为3%;对于水溶性液体火灾为6%。

4)泡沫灭火剂的选择:对于非水溶性液体火灾宜使用水成膜泡沫灭火剂(AFFF);对于水溶性液体火灾宜使用抗溶性水成膜泡沫灭火剂(ATC/AFFF)。

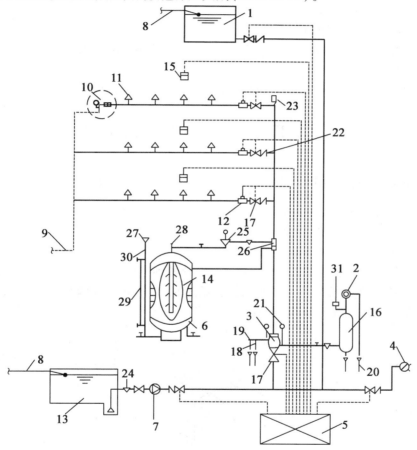

图 7.6　自动喷水 - 泡沫联用灭火系统

1—高位水箱;2—水力警铃;3—湿式报警阀;4—消防水泵接合器;5—控制箱;6—泡沫缸;7—消防水泵;
8—进水管;9—排水管;10—末端试水装置;11—闭式喷头;12—水流指示器;13—水池;14—胶囊;
15—感烟探测器;16—延迟器;17—消防安全指示阀;18—试警铃阀;19—放水阀;20—排水漏斗(或管);
21—压力表;22—节流孔板;23—自动排气阀;24—过滤器;25—泡沫缸调和阀;26—比例混合器;
27—注入口;28—排气阀;29—观测计;30—注液管;31—压力开关

5)泡沫灭火剂用量按下式计算:

$$E = WFTa \qquad \text{（公式 7.1）}$$

式中　E——泡沫灭火剂用量，L；

　　　W——喷洒强度，L/（min·m²）；

　　　F——保护面积，m²；

　　　T——持续喷泡沫时间，min（一般取 10 min）；

　　　a——泡沫灭火剂与水的混合比例，%。

　　式（7.1）中 a 取值为 3% 或 6%。

　　6）泡沫罐容积按下式计算：

$$V = KE \qquad \text{（公式 7.2）}$$

式中　V——泡沫罐容积，L；

　　　K——安全系数，一般为 1.5。

　　7）依据产品样本，按照泡沫罐选择泡沫设备型号；按照泡沫灭火剂与水的混合比例选择比例混合器型号。

　　8）系统水力计算与湿式自动喷水灭火系统水力计算的步骤和方法相同。

7.2　自动喷水灭火系统分区

7.2.1　自动喷水灭火系统分区

　　大型建筑或高层建筑往往需要若干个自动喷水灭火系统才能符合实际使用的要求，在平面上、竖向上分区装设各自的系统。

　　1. 平面分区的原则

　　（1）系统的设置宜与建筑防火分区一致，尽量做到在区界内不出现两个以上的系统交叉；若在同层平面上有两个以上自动喷水灭火系统时，系统相邻处两个边缘喷头之间的间距不应超过 0.5 m，以加强喷水强度，起到加强两区之间阻火能力的作用，如图 7.7 所示。

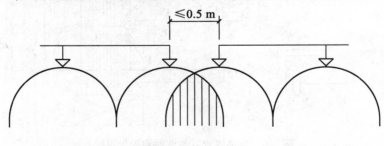

图 7.7　两个相邻自动喷水灭火系统交界处的喷头间距要求

　　（2）每一个系统所控制的喷头数量不能超过一个报警阀控制的最多喷头数，湿式系统、预作用系统不宜超过 800 只；无排气装置的干式系统最大喷头数不宜大于 250 只，有排气装置的干式系统不宜超过 500 只。

　　（3）系统管道敷设应有一定的坡度坡向排水口，管道坡降值通常不宜超过 0.3 m。

2.竖向分区的原则

（1）在自动喷水灭火系统管网之内的工作压力不应大于 1.2 MPa,考虑到系统管网安装在吊顶内以及我国管道安装的条件,适当降低管网的工作压力可减少维修工作量和防止发生渗漏。自动喷水灭火的竖向分区压力可以与消火栓给水系统相近。通常把每一分区内的最高喷头与最低喷头之间的高程差控制在 50 m 内。为确保同一竖向分区内的供水均匀性,在分区低层部分的入口处设减压孔板,将入口压力控制在 0.40 MPa 以下。

（2）屋顶设高位水箱供水系统,最高层喷头最低供水压力小于 0.05 MPa 时,需增设增压设备,可单独形成一个系统。

（3）在城市供水管道能够保证安全供水时,可充分利用城市自来水压力,单独形成一个系统。

3.闭式系统常用的给水方式

（1）设重力水箱与水泵的分区供水。

此种系统布置方式适用于建筑高度低于 100 m 的一般高层建筑,如图 7.8 所示。优点是能保证初期火灾的消防出水量,且水压稳定、安全可靠。气压水罐设在高处,工作压力小,有效容积利用率高;低层供水在报警阀前采用减压阀减压,确保系统供水的均匀性。在实际应用中还可以采用多级多出口水泵替代该系统的水泵及减压阀,用同一水泵来保证高、低区各自不同的用水压力,使系统更为简单。

（2）无水箱分区供水。

对于地震区高层建筑、无法设水箱的高层建筑或规范允许不设消防水箱的建筑,可以采用如图 7.9 所示的无水箱分区供水系统布置方式。

此种布置方式对供电的要求更严格,其中的消防泵可换成气压给水装置或变频调速装置。由于不设高位水箱,所以初期火灾 10 min 的消防用水得不到保证,气压水罐容积较大。

（3）串联分区供水。

如图 7.10 所示为水箱串联分区供水方式。

此种系统布置方式适用于建筑高度 100 m 以上的超高层建筑之中。该系统高低区供水独立。低区采用屋顶消防水箱作稳压水源,使中间水箱的高度不受限制。高区则采用水泵串联加压供水。高区发生火灾时,先启动运输泵,再启动喷淋,水泵运行安全可靠。减压阀设置在高位,工作压力低,对于超过消防车压力范围的高区范围,可在位于低区的高压消防水泵接合器处设置能启动高区水泵的启泵按钮,使消防车能够利用消防水泵接合器与高区水泵串联工作,像高区加压供水。该系统设中间消防水箱,占用上层使用面积,容易产生噪声及二次污染;水泵机组多,投资大;设备分散,不便于维护管理。

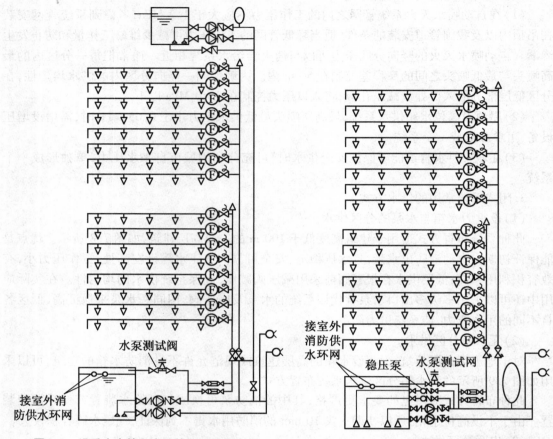

水泵测试阀

接室外消
防供水环网

接室外
消防供
水环网

稳压泵　　水泵测试网

图 7.8　设重力水箱和水泵的分区给水方式　　　图 7.9　无水箱分区供水给水方式

　　串联分区给水方式也可采用水泵串联方式,即低区喷淋泵作为高区的传输泵,从而节省了投资和占用面积。但低区喷淋泵同时要受高、低区报警的控制,系统控制比较复杂,运行可靠性存在一定的风险。

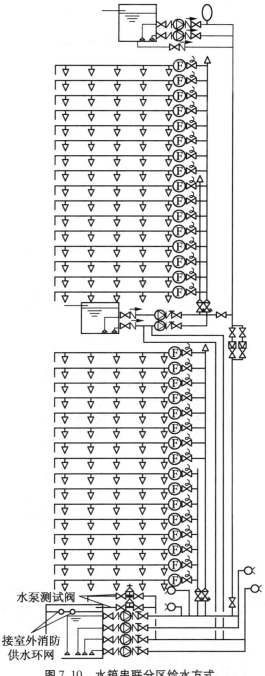

图 7.10　水箱串联分区给水方式

水泵测试阀

接室外消防
供水环网

（4）水泵并联供水。

如图 7.11 所示。初期火灾用水通过屋顶高位水箱统一供给，不设中间分区减压水箱，节省中间层建筑面积。分区消防水泵集中在地下层，水泵机组少，并且管理、启动方便。缺点是水泵扬程按最高层最不利喷头工作压力计算，对 I 区而言，水泵扬程过剩，I 区需设减压阀。

因为水泵扬程有限,这种给水方式不适用于高区高度超出水泵供水压力范围的情况。

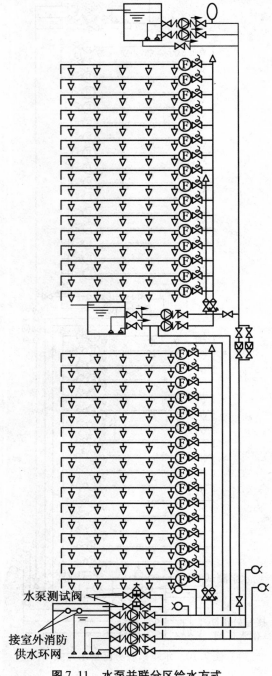

水泵测试阀

接室外消防
供水环网

图 7.11　水泵并联分区给水方式

7.2.2 自动喷水灭火系统用水量

1. 喷头流量

喷头的流量应按下式计算：

$$q = K\sqrt{10P} \qquad \text{（公式 7.3）}$$

式中 q——喷头流量，L/min；

P——喷头工作压力，MPa；

K——喷头流量系数。

系统最不利点处喷头的工作压力应通过计算确定。

2. 作用面积和喷头数的确定

（1）作用面积的确定。

水力计算选定的最不利点处作用面积宜为矩形，其长边应与配水支管平行，其长度不宜小于作用面积平方根的 1.2 倍。即：

$$L_{\min} = 1.2\sqrt{A} \qquad \text{（公式 7.4）}$$

式中 A——相应危险等级的作用面积，m^2；

$L_{\min}$——作用面积长边的最小长度，m。

作用面积的短边为：

$$B \geqslant A/L \qquad \text{（公式 7.5）}$$

式中 B——作用面积短边长度，m；

L——作用面积长边的实际长度，m。

对仅在走道内设置单排喷头的闭式系统，其作用面积应根据最大疏散距离对应的走道面积计算。

（2）喷头数的确定。

作用面积内的喷头数应依据喷头的平面布置、喷头的保护面积 A_s 与设计作用面积 A' 确定，即：

$$N = A'/A_s \qquad \text{（公式 7.6）}$$

式中 N——作用面积内喷头个数，个；

A'——设计作用面积，m^2；

A_s——一个喷头的保护面积，$m^2/$个。

3. 自动喷水灭火系统的用水量

（1）自动喷水灭火系统的用水量应按照喷头个数等基本数据确定。自动喷水灭火系统的设计秒流量的计算公式如下：

$$Q_s = \frac{1}{60}\sum_{i=1}^{n} q_i \qquad \text{（公式 7.7）}$$

式中 Q_s——系统设计秒流量，L/s；

q_i——最不利点处作用面积内各喷头节点的流量，L/s；

n——最不利点处的作用面积内喷头数。

（2）自动喷水灭火系统的用水量应该符合消火栓、水幕以及各类灭火系统同时开启时所需的用水量之和。因为舞台灭火系统的特殊性，自动喷水灭火系统与雨淋喷水灭火系统用水量可不按同时开启计算,而应按照其中用水量较大者计算。

4. 水幕系统给水量

当水幕仅作为保护使用时,其用水量不应小于 0.5 L/(s·m);当水幕作为防火隔断使用时,其用水量不宜小于 2 L/(s·m)。

5. 水雾系统给水量

水喷雾灭火系统的设计流量应按下式计算:

$$Q_s = 1.05 \sim 1.10 Q_j \qquad (公式7.8)$$

式中　Q_s——系统的设计流量,L/s;

　　　Q_j——系统的计算流量,即系统启动后,水雾喷头同时喷雾的实际流量之和,L/s。

水喷雾灭火系统的保护对象水雾喷头的数量应按照下式计算:

$$N = \frac{S \cdot W}{q}S`W \qquad (公式7.9)$$

式中　N——保护对象的水雾喷头数;

　　　S——保护对象面积,m²;

　　　W——保护对象的设计喷雾强度,L/(min·m²);

　　　q——水雾喷头流量,L/min。

7.2.3　喷头的选型和布置

1. 自动喷水灭火系统设计基本数据

《自动喷水灭火系统设计规范》(附条文说明)[2005 年版](GB 50084—2001)中对不同火灾危险等级建筑物的设计基本数据作出了规定,见表7.1。

表 7.1　自动喷水灭火系统设计的基本数据和计算用水量

建筑物的危险等级		设计喷水强度/[L/(min·m²)]	作用面积/m²	喷头工作压力/MPa	计算用水量
严重危险级	I 级	12	260	0.1	52
	II 级	16			69
中危险级	I 级	6	160		16
	II 级	8			20
轻危险级		4	160		11

2. 喷头的选择

喷头是自动喷水灭火系统的重要部位,在灭火过程中能够探测火警并启动灭火系统,所以,自动喷水灭火系统的灭火效果很大程度上取决于喷头的性能与合理的布置。

在选择喷头时要注意以下几个问题。

(1)喷头的动作温度。喷头公称动作温度宜比环境最高温度高出 30 ℃,以防止在非火灾情况下由于环境温度发生较大幅度波动而导致的误喷。

(2)热敏元件的热量吸收速度。喷头自动开启不仅与公称动作温度有关联,而且与建筑物构件的相对位置、火灾中燃烧物质的燃烧速度,空气气流传递热量的速度等有关。所以,很多种类的喷头在加速热敏元件吸收热容量的性能上,添加了快速反应的措施,如采用金属薄片传递热量给易熔元件、扩大溅水盘对热辐射吸收的能力等来加快热敏元件反应所需的吸热速度,使正常需耗时 1 min 左右的动作加快,只需 11 s 即能动作。

(3)喷头的布水形态、安装方式及喷放的覆盖面积与流量系数等。

3. 喷头的布置

(1)喷头布置基本要求。

1)在顶板或吊顶下容易接触到火灾热气流并有利于均匀布水的位置。

2)直立型、下垂型喷头的布置,包括同一根配水支管上喷头的间距及相邻配水支管的间距,应按照系统的喷水强度、喷头的流量系数和工作压力而确定,并不应大于表 7.2 的规定,且不宜小于 2.4 m。

3)除吊顶型喷头及吊顶下安装的喷头之外,直立型、下垂型标准喷头,其溅水盘与顶板之间的距离,不应小于 75 mm、不应大于 150 mm。

表 7.2 同一根配水支管上喷头的间距及相邻配水支管的间距

喷水强度 /(L/min·m²)	正方形布置的边长/m	矩形或平行四边形布置的长边边长/m	一只喷头的最大保护面积/m²	喷头与端墙的最大距离/m
4	4.4	4.5	20.0	2.2
6	3.6	4.0	12.5	1.8
8	3.4	3.6	11.5	1.7
≥	3.0	3.6	9.0	1.5

注:1. 仅在走道设置单排喷头的闭式系统,其喷头间距应按走道地面不留漏喷空白点确定。

2. 喷水强度大于 8 L/min·m² 时,宜采用流量系数 K>80 的喷头。

3. 货架内置喷头的间距均不应小于 1 m,并不应大于 3 m。

①当在梁或其他障碍物底面下方的平面上布置喷头时,溅水盘与顶板之间的距离不应大于 300 mm,同时溅水盘与梁等障碍物底面间的垂直距离不应小于 25 mm、不应大于 100 mm。

②当在梁间布置喷头时,应符合表 7.2 的规定。确有困难时,溅水盘与顶板的距离不应大于 550 mm。当梁间布置的喷头,喷头溅水盘与顶板距离达到 550 mm 仍不能满足表 7.2 的规定时,应在梁底面的下方增设喷头。

③设置在密肋梁板下方的喷头,溅水盘与密肋梁板底面的垂直距离,不应小于 25 mm、不应大于 100 mm。

④在净空高度不超过 8 m 的场所中,间距不超过 4 m×4 m 布置的十字梁,可在梁间布置 1 只喷头。

4)早期抑制快速响应喷头的溅水盘与顶板的距离,应符合表 7.3 的规定。

表 7.3 早期抑制快速响应喷头的溅水盘与顶板的距离/mm

喷头安装方式	直立型		下垂型	
	不应小于	不应大于	不应小于	不应大于
溅水盘与顶板的距离	100	150	150	360

5)图书馆、档案馆、商场、仓库中的通道上方宜设置喷头。喷头与被保护对象之间的水平距离,不应小于 0.3 m;喷头溅水盘与保护对象的最小垂直距离不应小于表 7.4 的规定。

表7.4　喷头溅水盘与保护对象的最小垂直距离/m

喷头类型	最小垂直距离
标准喷头	0.45
其他喷头	0.90

6）货架内置喷头宜与顶板下喷头交错布置，其溅水盘与上方层板的距离，应满足第三条的规定要求，与其下方货品顶面的垂直距离不应小于150 mm。

7）货架内喷头上方的货架层板，应为封闭层板。货架内喷头上方若有孔洞、缝隙，则应在喷头的上方装设集热挡水板。集热挡水板应为圆形或正方形金属板，其平面面积不宜小于0.12 m²，周围弯边的下沿，宜与喷头的溅水盘平齐。

8）当净空高度大于800 mm的闷顶与技术夹层内有可燃物时，则应设置喷头。

9）当局部场所装设自动喷水灭火系统时，与相邻不设自动喷水灭火系统场所连通的走道与连通门窗的外侧，应设喷头。

10）装设通透性吊顶的场所，喷头应装设在顶板下。

11）若顶板或吊顶为斜面，则喷头应垂直于斜面，并应根据斜面距离确定喷头间距。

尖屋顶的屋脊处应设一排喷头。喷头溅水盘至屋脊之间的垂直距离，当屋顶坡度≥1/3时，不应大于0.8 m；当屋顶坡度＜1/3时，不应大于0.6 m。

12）边墙型标准喷头的最大保护跨度与间距，应满足表7.5的规定要求。

表7.5　边墙型标准喷头的最大保护跨度与间距/m

设置场所火灾危险等级	轻危险级	中危险级 I 级
配水支管上喷头的最大间距	3.6	3.0
单排喷头的最大保护跨度	3.6	3.0
两排相对喷头的最大保护跨度	7.2	6.0

注：1. 两排相对喷头应交错布置。

2. 室内跨度大于两排相对喷头的最大保护跨度时，应在两排相对喷头中间增设一排喷头。

13）边墙型扩展覆盖喷头的最大保护跨度、配水支管上的喷头间距、喷头与两侧端墙的距离，应根据喷头工作压力下能够喷湿对面墙和邻近端墙距溅水盘1.2 m高度以下的墙面而确定，且保护面积内的喷水强度应符合《自动喷水灭火系统设计规范》（附条文说明）［2005年版］（GB 50084—2001）有关"民用建筑和工业厂房的系统设计参数"的规定。

14）直立式边墙型喷头，其溅水盘与顶板之间的距离不应小于100 mm，且不宜大于150 mm，与背墙的距离不应小于50 mm，并不应大于100 mm。

水平式边墙型喷头溅水盘与顶板之间的距离不应小于150 mm，且不应大于300 mm。

15）防火分隔水幕的喷头布置，应确保水幕的宽度不小于6 m。当采用水幕喷头时，喷头不应少于3排；采用开式洒水喷头时，喷头不应少于2排。防护冷却水幕的喷头宜设置成单排。

（2）喷头间距。

喷头的布置必须能够覆盖到受保护场所的每一个角落，而且必须有一定的喷水强度。在无梁柱障碍的平顶下装设喷头时，如果火灾危险等级一致，一般采取喷头间距成正方形（如

图 7.12 所示)、长方形(如图 7.13 所示)、菱形(如图 7.14 所示)的布置。

喷头以正方形布置时：

$$X = 2R\cos 45° = \sqrt{2}R \leqslant \sqrt{S}$$ （公式 7.10）

喷头以长方形布置时：

$$\sqrt{A^2 + B^2} = 2R, A \cdot B \leqslant S$$ （公式 7.11）

喷头以菱形布置时：

$$\tan \alpha = \frac{H}{2D}$$ （公式 7.12）

$$D \cdot H \leqslant S$$ （公式 7.13）

式中　D——喷头的水平间距，m；

　　　H——喷头的垂直间距，m；

　　　R——喷头的喷水半径，m；

　　　S——喷头的最大保护面积，m^2。

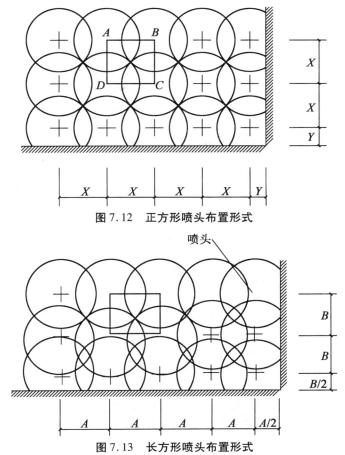

图 7.12　正方形喷头布置形式

喷头

图 7.13　长方形喷头布置形式

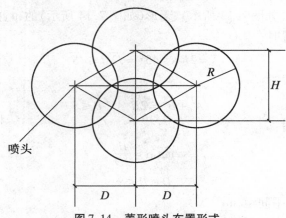

图 7.14　菱形喷头布置形式

（3）喷头与障碍物的距离。

1）直立型、下垂型喷头（如图 7.15 所示）与梁、通风管道的距离应符合表 7.6 的规定。

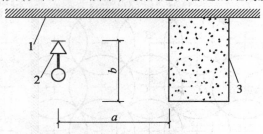

图 7.15　喷头与梁、通风管道的距离

1—顶板；2—直立型喷头；3—梁（或通风管道）

表 7.6　喷头与梁、通风管道的距离/m

喷头溅水盘与梁或通风管道的底面的最大垂直距离 b		喷头与梁、通风管道的水平距离 a
标准喷头	其他喷头	
0	0	$a < 0.3$
0.06	0.04	$0.3 \leqslant a < 0.6$
0.14	0.14	$0.6 \leqslant a < 0.9$
0.24	0.25	$0.9 \leqslant a < 1.2$
0.35	0.38	$1.2 \leqslant a < 1.5$
0.45	0.55	$1.5 \leqslant a < 1.8$
>0.45	>0.55	$a = 1.8$

2）直立型、下垂型标准喷头（如图 7.16 所示）的溅水盘以下 0.45 m、其他直立型、下垂型喷头的溅水盘以下 0.9 m 范围之内，若有屋架等间断障碍物或管道，则喷头与邻近障碍物的最小水平距离宜符合表 7.7 的规定。

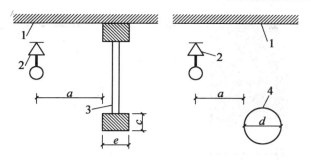

图 7.16 喷头与邻近障碍物的最小水平距离

1—顶板;2—直立型喷头;3—屋架等间断障碍物;4—管道

表 7.7 喷头与邻近障碍物的最小水平距离/m

喷头与邻近障碍物的最小水平距离 a	
f、e 或 $d \leqslant 0.2$ m	c、e 或 $d > 0.2$ m
$3e$ 或 $3e(c$ 与 e 取大值$)$ 或 $3d$	0.6

3)当梁、通风管道、成排布置的管道以及桥架等障碍物的宽度大于 1.2 m 时,其下方应增设喷头,如图 7.17 所示。增设喷头的上方若有缝隙,则应设集热板。

4)直立型、下垂型喷头与不到顶隔墙的之间水平距离,不得大于喷头溅水盘与不到顶隔墙顶面垂直距离的 2 倍,如图 7.18 所示。

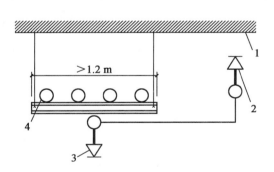

图 7.17 障碍物下方增设喷头

1—顶板;2—直立型喷头;3—下垂型喷头;
4—成排布置的管道(或梁、通风管道、桥架等)

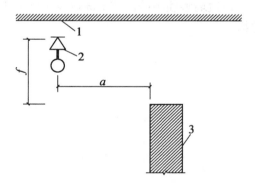

图 7.18 喷头与不到顶隔墙的水平距离

1—顶板;2—直立型喷头;3—不到顶隔墙

5)直立型、下垂型喷头与靠墙障碍物的距离,如图 7.19 所示,应符合下列规定。

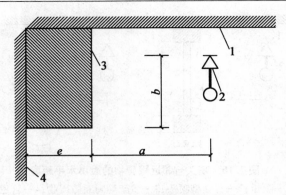

图 7.19　喷头与靠墙障碍物的距离

1—顶板;2—直立型喷头;3—靠墙障碍物;4—墙面

①障碍物横截面边长小于 750 mm 时,喷头与障碍物的距离,应按以下公式确定:

$$a \geqslant (e - 200) + b \qquad\qquad (公式\ 7.14)$$

式中　a——喷头与障碍物的水平距离,mm;

b——喷头溅水盘与障碍物底面的垂直距离,mm;

e——障碍物横截面的边长,mm,$e < 750$。

②障碍物横截面边长等于或大于 750 mm、或者 a 的计算值大于《自动喷水灭火系统设计规范》(附条文说明)[2005 年版](GB 50084—2001)有关喷头与端墙距离的规定时,则应在靠墙障碍物下增设喷头。

6)边墙型喷头的两侧 1 m 以及正前方 2 m 范围内,顶板或吊顶下均不应有阻挡喷水的障碍物。

8 气体灭火系统

8.1 气体灭火系统组件和设计

8.1.1 系统主要组件

1. 管道系统

（1）容器配管。

1）操作管。即是输送启动瓶放出的驱动气体的配管，通常为紫钢管或挠性管。

2）集流管。其用途就是将若干储瓶同时开启释放出来的灭火剂汇集起来，然后经由分配管道输送至保护空间。集流管为较粗的管道，其工作压力不小于最高环境温度时储存容器内的压力。且管上应设有安全阀。

3）排放软管组。排放软管组（如图 8.1 所示）是连接容器阀与集流管十分重要的部件，它允许储存容器与集流管之间的安装间距存在一定的误差，可以缓解施放灭火剂时对管网系统的冲击力。

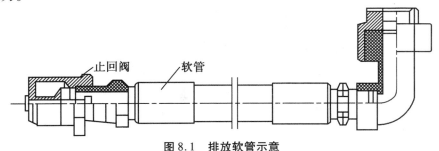

图 8.1　排放软管示意

（2）管道系统设计要求。

1）管道及其附件应能够承受最高环境温度条件下灭火剂的储存压力。

2）管道应采用满足现行国家标准《冷拔或冷轧精密无缝钢管》（GB/T 3639—009）中规定的无缝钢管，并且应内外镀锌。

3）在对镀锌层有腐蚀的环境中，管道可采用不锈钢管、铜管或其他抗腐蚀的材料。

4）挠性连接的软管必须能够承受系统的工作压力，宜采用符合现行国家标准《不锈钢软管》中规定的不锈钢软管。

5）管道可采用螺纹连接、法兰连接或焊接方式。公称直径等于或小于 80 mm 的管道，宜采用螺纹连接；公称直径大于 80 mm 的管道，宜采用法兰连接。

2. 压力开关

压力开关是一种将压力信号转换成电气信号的装置。压力开关结构如图 8.2 所示，它由壳体、波纹管或膜片、微动开关、接头座以及推杆等组成。其动作原理是：当集流管或配管中灭火剂气体压力上升到设定值时,波纹管或膜片伸长,利用推杆或拨臂拨动开关,使触点闭合或断开,以实现输出电气信号的目的。压力开关还有其他一些种类,但它们的工作原理基本都相同。

在气体灭火系统中,为准确、及时了解系统各部件在系统启动时的动作状态,通常在选择阀前后设置压力开关,以判断各部件的动作正确与否。虽然有的阀门本身就带有动作检测开关,但用压力开关检测各部件的动作状态,则最为可靠。

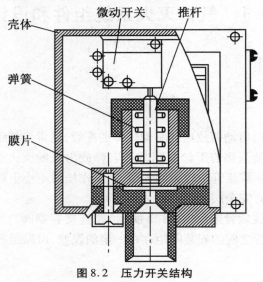

图8.2　压力开关结构

3. 喷头

喷头在气体灭火系统中,主要是用以控制灭火剂的喷射速率,并使灭火剂迅速汽化,均匀地分布在防护区内。喷头根据系统的防护方式,分为全淹没式喷头与局部保护式喷头。全淹没式喷头的特点是:在全淹没防护方式的封闭空间之内,将灭火剂均匀地喷射至整个防护区内;而局部防护式喷头,则仅是将灭火剂成扇形或锥形喷射到特定的被保护物周围的局部范围里。

4. 安全阀与泄压装置

安全阀通常设置在储存容器的容器阀上,以及组合分配系统中的集流管上。安全阀或泄压装置一般只用在配管系统耐压等级较低的场合。

在组合分配系统的集流管部分中,因为选择阀平时处于关闭状态,所以从容器阀的出口处至选择阀的进口端之间,就形成了一个封闭的空间,如图8.3所示的虚线框内。为避免储存容器发生误喷射而在此空间内形成一个危险的高压压力,在集流管末端装设一个安全阀或泄压装置,当压力值超过设定值时,安全阀自动开启泄压,以确保管网系统的安全。

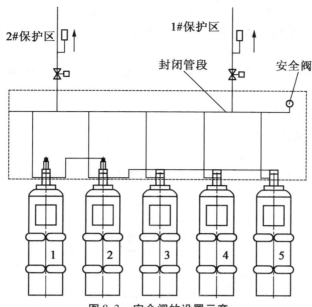

图8.3　安全阀的设置示意

5. 单向阀和选择阀

单向阀是用来控制介质流向的。启动气体管路中所设置的单向阀较小,用以开启相应的阀门,控制启动气瓶放出的高压气体。在成组灭火剂储存容器系统中,每个储存容器都应装设有单向阀,以免灭火剂回流到空瓶或从卸下的储瓶接口处泄漏灭火剂。单向阀的位置通常安装在排放软管之后。

在多防护区的组合分配系统中,在每个防护区在集流管上的排出支管上,均应设置与该防护区相对应的选择阀。在平时阀门处于关闭状态,当该防护区发生火灾时,由控制盘启动控制气源来开启选择阀,以使气体灭火剂从排出支管经过选择阀进入火灾区域,扑灭火灾。

选择阀的种类根据启动方式分为电动式与气动式两种。电动式采用电磁容器阀或直接采用电机开启;气动式则是通过启动气体的压力,推动汽缸中的活塞,将阀门打开。启动控制气源既可以是储存容器中的气体灭火剂,也可以是专用的启动容器中的 N_2 或 CO_2 气体。在工程实践当中,一般使用气动式的比较多。

选择阀的规格有通径为 32 mm、40 mm、50 mm、65 mm、80 mm、100 mm、125 mm、150 mm等,与配管的连接通常采用法兰连接。

6. 容器阀

容器阀是气体灭火系统的重要组成部分,是设置在储存容器上的阀门,用来封闭及释放气体灭火剂。

根据其结构形式,容器阀可分为膜片式与差动式两种。膜片式容器阀则是采用专用的密封膜片来封闭气体灭火剂。膜片式容器阀的特点是:结构简单,密封膜片的密封性能好,但在释放气体灭火剂时阻力损失较大。另外,每次用过之后,需更换密封膜片。

差动式容器阀是利用阀体上、下腔的压强差来封闭或释放气体灭火剂。差动式容器阀的特点是:可以很方便地利用电、气、人工等方式开启容器阀。每次开启使用之后,仅需重新充装灭火剂,就可投入再运行,而无需更换任何零部件,重复操作非常方便,并且容器阀阻力损失小。但这种容器阀对阀体的加工要求及密封件的质量要求都较高,否则容易造成灭火剂的渗漏。同时,因为压力表的安装位置与容器内部处于相通的位置(即压力表一直处于指示状态),所以对压力表的密封要求也很高。

容器阀的启动形式一般有:拉索启动、手动启动、气启动、电磁启动以及电爆启动等。

7. 储存容器

储存容器长期处于充压工作状态,它既是能储存灭火剂的容器,又是为系统的工作提供足够压力的动力源。所以,储存容器的任务既有满足充装压力的强度要求又有要确保灭火剂不能泄漏。

储存容器根据储存压力可以分为高压储存容器与低压储存容器两种,见表8.1。储存容器由容器阀、虹吸管与钢瓶组成。

表 8.1　储存压力与耐压值表

储存容器类别	二氧化碳储存容器		卤代烷储存容器		材质要求
	储存压力/MPa	耐压值/MPa	储存压力/MPa	耐压值/MPa	
高压	5.17	22.05	4.17	12.6	无缝钢质容器
低压	2.07	—	2.48	6.89	焊接钢质容器

注:目前我国二氧化碳储存容器均为高压型。

8.1.2　灭火系统设计

1. 防护区的确定与划分

(1)全淹没系统防护区设置要求。

防护区是指能符合灭火系统要求的有限封闭空间。若相邻的两个或两个以上封闭空间之间的隔断不能阻止灭火剂流失而影响扑救效果,或不能阻止火灾蔓延,则应将这些封闭空间划成为一个防护区。防护区的划分应按照封闭空间的结构特点、数量及位置来确定。防护区的面积不宜大于表8.2中的规定。

表 8.2　防护区面积的规定表

防护区尺寸	管网灭火系统	无管网灭火系统
面积/m²	500	100
容积/m³	2 000	300

应对防护区环境温度予以重视。当防护区内温度低于灭火剂沸点时,施放的灭火剂将会以液态形式存在。防护区的温度越低,灭火剂的汽化速度慢,这势必延长灭火剂在防护区内的均化分布时间,即影响了它和火焰接触、分解的时间,降低了灭火速度。同时,还会造成灭火剂的流失。

我国《卤代烷1211灭火系统设计规范》(GBJ 110—1987)规定:"防护区的最低环境温度应不小于0 ℃。"所以,在这些地区设置卤代烷1211灭火系统,要求有取暖设备。若无增温设备,则应采用卤代烷1301灭火系统。卤代烷1301灭火剂的沸点低于我国各地的最低环境温度,所以,使用卤代烷1301灭火系统,基本上不会受最低环境温度的限制。

二氧化碳灭火系统对防护区的环境温度未作限制。为了确保卤代烷和二氧化碳全淹没系统都能将建筑物内的全部火灾扑灭,护区的建筑物构件应有足够的耐火时间,以保证在完全灭火所需时间内,不致使初起火灾蔓延成大火。完成灭火所需要的时间,通常包括火灾探测时间、探测出火灾后到施放灭火剂之前的延时时间、施放灭火剂时间以及保持灭火剂设计浓度的浸渍时间。

保持灭火剂设计浓度所需浸渍时间,见表8.3。如果建筑物的耐火极限低于这一时间,就有可能在火灾扑灭前被烧坏,而使防护区的密闭性受到破坏,造成灭火剂流失而导致灭火失败。

表8.3   各种灭火剂保持设计浓度所需浸渍时间

灭火机名称	火灾类别	浸渍时间/min
卤代烷	可燃固体表面火灾	≥10
1301	可燃气体及甲、乙、丙类液体火灾电气火灾	≥1
1211		
二氧化碳	部分电气火灾	≥10
	固体深位火灾	≥20

为了避免保护区外发生的火灾蔓延到防护区内,防护区的围护结构及门窗的耐火极限不应低于0.50 h,吊顶内不低于0.25 h。防护区应为密闭形式,若必须开口时,则应装设自动关闭装置,开口面积不应大于防护区总表面积的3%,且开口不应设在底面。

(2)局部应用系统防护区设置要求。

设置划分局部应用系统防护区的首要原则是,必须防止防护区内外的可燃物在发生火灾时相互传播而导致火灾蔓延。

一个局部应用系统的防护区范围,应把火灾发生时可能蔓延到的区域也包括进去,或将与该防护区相邻近的可燃物用非燃烧体或难燃体隔开。

当将一组互相连接的具有火灾危险的场所划分成若干较小的防护区时,用局部应用系统分别保护时,每个局部应用系统必须对与其相邻的场所同时加以保护,以防火灾蔓延。

实验结果表明,对于二氧化碳局部应用系统保护对象周围的空气流动速度,不宜大于3 m/s;如果超过时,应采取挡风措施或扩大防护范围。

当保护对象为可燃液体时,盛可燃液体的容器缘口至液面的距离不得小于150 mm,以避免因灭火剂喷射引起可燃液体的飞溅而造成火灾蔓延。

采用二氧化碳局部应用系统的防护区的大小,可以与全淹没系统防护区相当。所以,对其防护区的大小主要从安全与经济的角度考虑,没有过多限制。

(3)建筑构件的耐压性能及防护区泄压。

当在一个密闭的防护区内迅速施放大量的气体灭火剂时,空间内的压强将会迅速增加。比如向密闭防护区内施放5%体积浓度的卤代烷1301时,其空间内压强将增加至5 000 Pa,超过了一般建筑物标准所允许的最高压强的一倍以上;如果施放的是二氧化碳灭火剂,则空间内压强增加幅度将会更大。若防护区建筑构件不能承受这个压强,则会遭到破坏,并导致灭火失败。因此,必须规定其最低耐压强度。根据美国提供的试验资料,建筑物最高允许压强,轻型建筑为 1 200 Pa,标准建筑为 2 400 Pa,拱顶建筑为 4 800 Pa。在全密闭的防护区内应设置泄压口。为避免灭火剂从泄压口流失,泄压口底部距室内地面高度不应小于室内净高的 2/3。

对二氧化碳灭火系统,泄压口的面积按下式进行计算,即:

$$A = 0.007\,6\frac{Q_m}{\sqrt{P}} \qquad\qquad (公式 8.1)$$

式中　A——泄压口面积,m^2;

　　　P——防护区围护结构的允许压强,Pa;

　　　Q_m——二氧化碳喷射速率,kg/min。

多数全淹没系统的防护区都不是完全密闭式的。有门、窗缝隙的防护区,通常都不需要开泄压口,因灭火剂能通过门、窗缝隙泄压,从而不至于使室内压力过高。另外,已设有防爆泄压口的防护区,也不需要再开设泄压口。

2. 管网布置

卤代烷 1301、1211 和二氧化碳灭火系统,根据其管网布置形式可分为均衡管网系统与非均衡管网系统。均衡管网系统(如图 8.4 所示)具备下列条件:

(1)从储存容器到每个喷头的管道长度应大于最长管道长度的 90%。

(2)从储存容器到每个喷头的管道长度应大于管道等效长度的 90%(管道等效长度 = 实际管长 + 管件当量长度)。

(3)每个喷头的平均质量流量相等。不具备上述条件的管网系统为非均衡管网系统(如图 8.5 所示)。

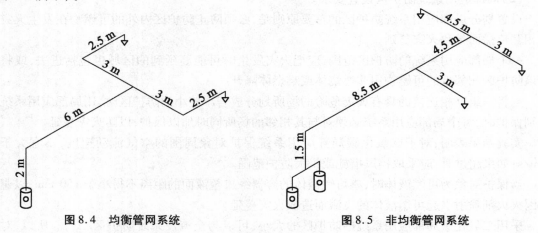

图 8.4　均衡管网系统　　　　　　　　　　图 8.5　非均衡管网系统

对于气体灭火系统,管道宜布置成均衡系统。均衡系统特点是:

(1)有利于灭火剂释放后的均化,以使防护区各部分空间能迅速达到浓度要求。

(2)管网对称布置能简化管网流体计算及管道剩余量的计算,但这并不意味着不能采用非均衡系统。事实上,在灭火剂被释放入防护区这段时间内,就是一种可以允许的最大的非均衡状态。

在非均衡系统中,准确计算及选择喷头孔径是很重要的。在美国和英国的规范中均提出:在非均衡系统中,重要的是每个喷头应选用合适的孔径,以利于在计算确定的最终端压力下,产生出规定的流量速率。

8.2 二氧化碳灭火系统

8.2.1 二氧化碳气体灭火原理

在常温条件下,CO_2 的物态为气相,它的临界温度为 31.4 ℃,临界压力为 7.4 MPa(绝压)。固、气、液三相点为 -56.6 ℃,该点压力为 0.52 MPa(绝对压力)。在这个温度之下,液相将不复存在;而在这个温度之上,固相将不复存在。储存于低温容器中的 CO_2 是以气、液两相共存(温度 -18 ℃,压力 2.17 MPa),其压力会随温度的升高而增加。

二氧化碳灭火原理主要在于窒息。灭火中,释放出二氧化碳,稀释空气中的氧,氧含量的降低会使燃烧时热产生率减小,当热产生率减小至热散失率的程度时,燃烧就会停止,不同物质在不同氧含量条件下燃烧,热产生率是不同的,而热散失率却与燃烧物的结构有着密切的关系,因此,降低氧含量所需二氧化碳的灭火浓度,是针对燃烧对象通过试验进行测试而定。其次对于低压二氧化碳来说还会有冷却作用。在灭火过程中,当二氧化碳从储存系统中释放出来,随后压力骤降使得二氧化碳迅速由液态转变为气态;又由于熔降的关系,温度会急剧下降,当其达 -56 ℃以下,气相的二氧化碳有一部分会转变成微细的固体粒子——干冰。而次时干冰的温度一般为 -78 ℃。干冰吸取周围热量而升华,即能产生冷却燃烧物的作用,但冷却效果仅相当于水的十分之一。

8.2.2 二氧化碳灭火系统分类

1. 按防护区特征和灭火方式分类

(1)全淹没灭火系统。

全淹没灭火系统是指在规定的时间内向防护区喷射一定具有浓度的灭火剂,并将其均匀地充满整个防护区的灭火系统。全淹没灭火系统由固定的二氧化碳供给源、管道、喷嘴及控制设备所组成。二氧化碳灭火系统原理图如图 5.1 所示。当防护区发生火灾,燃烧产生烟雾、热量以及光辐射致使感烟、感温以及感光火灾探测器动作,发回火灾信号到消防控制中心,消防监控设备的控制联动装置反应,如关闭开口、停止机械通风及影响灭火效果的生产设备。同时实施火灾报警,延时 30 s 之后,发出指令启动灭火剂储存容器。所储存的二氧化碳灭火剂经管道输送至防护区,通过喷嘴释放灭火。若采用手动控制启动,按下启动按钮,按上述程序释放灭火剂灭火。

全淹没系统既可以由一套装置保护一个防护区,也可以由一套装置保护多个不会同时失火的防护区,前者称为单元独立系统,而后者称为组合分配系统。采用组合分配系统较为经济合理,但前提条件是同一组合中各个防护区不能够同时着火,并且在火灾初期不能够形成蔓延趋势。

(2)局部应用系统。

局部应用系统是指在灭火过程中不能封闭,或是虽然能封闭但却不符合全淹没系统的表面火灾所采用的灭火系统。局部应用系统是直接向燃烧着的物体表面喷射灭火剂,将被保护物体完全淹没,并维持灭火所必须的最短时间。它也是由固定的二氧化碳供给源、管道、喷嘴以及控制设备所组成的。

(3)半固定系统。

半固定系统是由固定的二氧化碳供给源、管道以及软管组成,软管平时卷在转盘上,火灾发生时由人员操作实施灭火,类似于灭火器,但具有明确的保护对象,且移动范围有限。半固定系统通常用于增援固定灭火系统,个别情况设固定灭火系统有困难时,也可设半固定系统,但在应该设固定灭火系统的场所中,它不能取代固定灭火系统。

2.按管网结构特点分

(1)单元独立系统。

(2)组合分配系统,如图8.6所示。

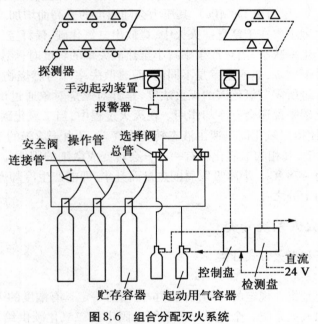

图8.6　组合分配灭火系统

3.按照储存压力分类

(1)高压储存系统。

高压储存系统是利用加压的方式将二氧化碳灭火剂以液态形式储存在容器内的,其储存压力在21 ℃时为5.17 MPa。为确保安全并维持系统正常工作,储存环境温度必须满足要求,对于局部应用系统,最低温度不得低于0 ℃,最高温度不得超过49 ℃;对于全淹没系统,最低温度不得低于-18 ℃,最高温度不得超过54 ℃。高压储存系统的充装密度为0.6 ~ 0.68 kg/L。

(2)低压储存系统。

低压储存系统是通过冷却与加压相结合的方式将二氧化碳灭火剂以液态形式储存在容器中的,其储存压力为2.07 MPa。储存环境温度保持在-18 ℃,充装密度为0.90 ~ 0.95 kg/L。比较典型的低压储存装置是在压力容器外包一个密封内金属壳,壳内有绝缘体,在其一端安装一个标准的空气制冷机装置,把它的冷却蛇管装入容器内。该装置电动操作,由压力开关自动控制。

8.2.3 二氧化碳灭火系统基本要求

1. 对防护区的要求

(1)设置全淹没系统的防护区,应是一个固定的封闭空间,以确保二氧化碳灭火浓度的确立。防护区的面积通常不宜大于 500 m²,总容积不宜大于 2 000 m³。

(2)防护区吊顶的耐火极限不应小于 0.25 h,四周围护结构的耐火极限不应小于 0.5 h。

(3)防护区的开口应能自动关闭。对气体、液体、电气火灾以及固体表面火灾,在释放二氧化碳前不能自动关闭的开口,其面积不应大于防护区总内表面积的 3%,且不应将开口设在底面。

(4)防护区设置的通风机与通风管道的防火阀,在释放二氧化碳前应自动关闭。

(5)启动释放二氧化碳之前或者同时,必须将可燃及助燃气体的气源切断。

(6)防护区应设置泄压口,避免灭火剂的释放造成防护区内压力升高,应依据围护结构的允许压强设置泄压口。允许压强的选取:标准建筑 $p = 2.4$ kPa;高层建筑和轻型建筑 $p = 1.2$ kPa;地下建筑 $p = 2.4$ kPa。宜将泄压口设在外墙上,其高度应大于防护区净高的 2/3。有门窗的防护区通常都有缝隙存在,通过门窗四周缝隙所泄漏的二氧化碳,可避免空间压力过量升高,这种防护区一般不需要再开泄压口。此外,已设有防爆泄压口的防护区,也不需要再设泄压口。另外,泄压口的面积可按(公式 8.2)计算:

$$A_x = 0.45 \frac{q}{\sqrt{p}} \qquad\qquad (公式\ 8.2)$$

式中　A_x——泄压口面积,m²;

　　　q——二氧化碳喷射强度,kg/s;

　　　p——围护结构的允许压强,Pa。

(7)二氧化碳灭火剂属于气体灭火剂,容易受风的影响,为保证其灭火效果,则保护对象周围的空气流动速度不宜大于 3 m/s。

(8)对于扑救易燃液体火灾的局部应用系统,流速很高的液态二氧化碳具有很大的动能,当二氧化碳射流喷射到可燃液体表面时,可能引起可燃液体的飞溅,造成流淌火或更大的火灾危险。为了防止这种飞溅的出现,除对射流速度加以限制外,还要求盛放燃料容器缘口到液面之间距离不得小于 150 mm。

2. 对储存容器的要求

(1)储存容器应符合现行国家标准《气瓶安全监察规程》和《压力容器安全监察规程》的相关要求。

(2)高压储存装置应设置泄压爆破膜片,其动作压力应为(19 ± 0.95)MPa;低压储存装置应设置泄压装置与超压报警器,泄压动作压力应为(2.4 ± 0.012)MPa。

(3)低压储存系统应设置专用的调温装置,二氧化碳温度应保持在 −(18 ~ 20)℃。

(4)储存装置宜设置在靠近防护区的专门的储瓶间内。储瓶间的出口应直接通向室外或疏散通道,房间的耐火等级不低于二级,室内应经常保持干燥及通风。储存容器应防止阳光直接照射。环境温度为 0 ~ 49 ℃。

储瓶间里的储存容器可以单排布置,也可双排布置,但要保留充足的操作空间。

3. 系统设计的要求

(1)全淹没系统二氧化碳灭火剂的喷射时间,对于表面火灾不应大于 1 min;对于深位火灾不应大于 7 min，并应在前 2 min 之内达到 30% 的浓度。

（2）二氧化碳灭火系统中所充装的灭火剂，应符合《二氧化碳灭火剂》（GB 4396—2005）的要求。

（3）高压储存系统储存环境温度及充装密度应符合表 8.4 的规定要求。

表 8.4　储存环境温度与充装密度关系

最高环境温度/℃	充装密度（kg·L^{-1}）	最高环境温度/℃	充装密度（kg·L^{-1}）
40	≤0.74	49	≤0.68

（4）喷嘴最小工作压力，低压储存系统为 1.0×10^6 Pa，高压储存系统为 1.4×10^6 Pa。

（5）局部应用系统喷射时间通常不小于 0.5 min。对于燃点温度低于沸点温度的可燃液体火灾，不小于 1.5 min。

（6）局部应用系统的灭火剂覆盖面积应考虑到临界部分或可能蔓延的部位。

4. 灭火剂备用量的要求

二氧化碳灭火系统与卤代烷灭火系统一样，也应考虑灭火剂备用量。对于比较重要的防护区，短期内不能重新灌装灭火剂恢复使用的二氧化碳灭火系统，以及 1 套装置保护 5 个及以上防护区的二氧化碳灭火系统均应考虑设置备用量。灭火剂备用量不能小于系统设计储量，且备用量储存容器应直接与管道相连，以确保能切换使用。

5. 对系统控制启动的要求

（1）全淹没系统宜设置自动控制与手动控制 2 种启动方式，在经常有人的局部应用系统保护场所可设手动控制启动方式。

（2）自动控制应采用复合探测，也就是接收到 2 个或 2 个以上独立火灾信号后才能启动灭火剂储存容器。

（3）手动控制的操作装置应设在防护区外且便于操作的地方，并能在一处完成整个系统启动的全部操作。

（4）启动系统的释放机构若采用电动和气动，则必须保证有十分可靠的动力源。机械释放机构应传动灵活，操作省力。

（5）在灭火系统启动释放之前或者同时，应确保完成必须的联动与操作。

6. 对安全措施的要求

（1）防护区内应设置火灾声报警器，如果环境噪音在 80 dB 以上应增设光报警器。光报警器应设在防护区入口处，且报警时间不宜小于灭火过程所需的时间，并应能够手动进行切除报警信号。

（2）防护区应有能在 30 s 内保证使该区人员疏散完毕的走道与出口。在疏散走道与出口处，应设火灾事故照明及疏散指示标志。

（3）在防护区入口处应设置二氧化碳喷射指示灯。

（4）地下防护区及无窗或固定窗扇的地上防护区，应设置机械排风设备。

（5）防护区的门开启方向应为疏散方向，并能自行关闭，且在任何情况下均应能从防护区内打开。

（6）设置灭火系统的场所应配备专用的空气呼吸器或氧气呼吸器。

8.2.4　二氧化碳灭火系统控制与操作

　　二氧化碳灭火系统应设有自动控制、手动控制以及机械应急操作 3 种启动方式。在经常有人活动的局部应用系统场所，可以不设置自动控制。控制设备的作用是确保二氧化碳灭火系统能够实现自动灭火，通常由火灾自动探测报警系统来实现。为了防止探测器误报引起系统的误动作，通常设置 2 种类型或 2 组同一类型的探测器进行复合探测。当自动控制应接收 2 个以上独立火灾信号后并延时 30 s 才启动。2 个独立的火灾信号既可以是烟感、温感信号，也可以是 2 个烟感报警信号。

　　手动控制操作通常设在防护区门外便于操作的部位，紧急启动按钮用玻璃防护罩保护。火灾报警之后，可击碎玻璃启动按钮。

　　瓶头阀、选择阀为系统的释放机构，可以用电动、气动、机械 3 种方式。当采用电动与气动形式时，必须要保证可靠的动力源。

　　系统的动作控制程序方框图，如图 8.7 所示。

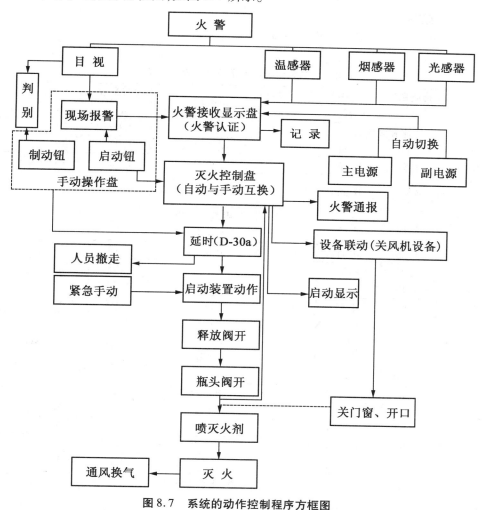

图 8.7　系统的动作控制程序方框图

8.2.5　二氧化碳灭火系统设计计算

二氧化碳全淹没系统的设计计算主要包括灭火剂用量与系统管网2大部分。

1.灭火剂用量计算

（1）灭火剂设计浓度。

为了灭火的可靠性，所以二氧化碳灭火设计浓度应取测定灭火浓度（临界值）的1.7倍，并且不得低于34%。对可燃物的二氧化碳设计浓度可依据表8.5采用。有些物质还可能伴有无焰燃烧，表5.22同时也列出了熄灭阴燃火的最小抑制时间。

为了灭火系统设计计算方便，则取最小灭火设计浓度34%作为基数，令其等于1，制定出反映各物质间不同灭火设计浓度倍数关系的系数称物质系数，物质系数可按照式（公式8.3）计算：

$$K_b = \frac{\ln[1 - \varphi(CO_2)]}{\ln(1 - 0.34)} \qquad\qquad (公式8.3)$$

式中　K_b——物质系数；

　　　$\varphi(CO_2)$——二氧化碳灭火设计浓度。

表8.5　二氧化碳设计浓度和抑制时间表

可燃物质	物质系数 K_b	$\varphi(CO_2)$ /%	抑制时间 /min	可燃物质	物质系数 K_b	$\varphi(CO_2)$ /%	抑制时间 /min
一、气体和液体火灾				甲烷	1.00	34	
丙酮	1.00	0.34		醋酸甲脂	1.03	35	
乙炔	2.57	0.66		甲醇	1.22	40	
航空燃料 115#/145#	1.06	0.36		甲基丁烯-1	1.06	36	
粗苯（安息油、偏苯油）、苯	1.10	0.37		甲基乙基酮 （丁酮）	1.22	40	
丁二烯	1.26	0.41		甲醇甲酯	1.18	39	
丁烷	1.00	0.34		戊烷	1.03	35	
丁烯-1	1.10	0.37		石脑油	1.00	34	
二硫化碳	3.03	0.72		丙烷	1.06	36	
一氧化碳	2.43	0.64		丙烯	1.06	36	
煤气或天燃气	1.10	0.37		淬火油（灭孤油）、润滑油	1.00	34	
环丙烷	1.10	37		三、固体火灾			
柴油	1.00	34		纤维材料	2.25	62	20
二乙基醚	1.22	40		棉花	2.0	58	20
二甲醚	1.22	40		纸张	2.25	62	20
二、苯及其氧化物的混合物塑料（颗粒）					2.0	58	20
乙烷	1.22	40		聚苯乙烯	1.0	34	—
乙醇（酒精）	1.34	43		聚氨基甲酸酯 （硬的）	1.0	34	—
乙醚	1.47	46		四、其他火灾			

续表8.5

可燃物质	物质系数 K_b	$\varphi(CO_2)$ /%	抑制时间 /min	可燃物质	物质系数 K_b	$\varphi(CO_2)$ /%	抑制时间 /min
乙烯	1.60	49		电缆间和电缆沟	1.5	47	10
二氯乙烯	1.00	34		数据储存间	2.25	62	20
环氧乙烯	1.80	53		电子计算机设备	1.5	47	10
汽油	1.00	34		电气开关和配电室	1.2	40	10
己烷	1.03	35		带冷却系统的发电机	2.0	58	到停转
正庚烷	1.03	35		油浸变压器	2.0	58	—
正辛烷	1.03	35		数据打印设备(间)	2.25	62	20
氢	3.30	75		油漆间和干燥设备	1.2	40	—
硫化氢	1.06	36		纺织机	2.0	58	—
异丁烷	1.06	36		干燥的电线	1.47	50	10
异丁烯	1.00	34		电气绝缘设备	1.47	50	10
甲酸异丁酯	1.00	34		皮毛储存库	3.30	75	20
航空煤油 JP-4	1.06	36		吸尘装置	3.30	75	20
煤油	1.00	34					

(2)灭火剂用量计算。

对于全淹没系统,二氧化碳的总用量为设计灭火用量与剩余量之和。

1)设计灭火用量。全淹没系统设计用量的决定主要与灭火设计浓度、开口流失量、防护区的容积及表面积有关。二氧化碳的设计用量计算:

$$M = K_b(K_1 A + K_2 V) \qquad (公式8.4)$$
$$A = A_V + 30A_0 \qquad (公式8.5)$$
$$V = V_V - V_C \qquad (公式8.6)$$

式中　M——二氧化碳设计用量,kg;

　　　K_1——面积系数,kg/m²,取0.2kg/m²;

　　　K_2——体积系数,kg/m³,取0.7kg/m³;

　　　A——折算面积,m²;

　　　A_V——防护区的内侧、顶面(包括其中开口)的总面积,m²;

　　　A_0——开口总面积,m²;

　　　V——防护区的净容积,m³;

　　　V_V——防护区容积,m³;

　　　K——防护区内非燃烧体和难燃烧体的总体积,m³;

　　　30——常数,为开口补偿系数。

防护区的净容积就是指防护区空间体积扣除固定不变的实体部分的体积,若设有不能停止的空调系统,则应考虑空调系统的附加体积。

2)管网和储存容器内灭火剂剩余量。系统中灭火剂的剩余量是指系统泄压时存在于管网与储存容器内的灭火剂量。均衡系统管网内的剩余量可以忽略不计。储存容器内二氧化碳灭火剂的剩余量是依据我国现行采用的40 L储存容器测试结果而得出的,充装量为

25 kg,喷放后的剩余量为 1~2 kg,占充装量的 5%~8%。因此,储存容器剩余量可按设计用量的 8% 计算。

2. 系统管网计算

管网最好布置成均衡系统。所谓的均衡系统,应是选用同一规格尺寸的喷头,给定每只喷嘴的设计流量相等,并且系统计算结果应满足(公式 8.7)要求:

$$\frac{h_{max} - h_{min}}{h_{max}} < 0.1 \qquad (公式 8.7)$$

式中　h_{max}——喷头装在最不利点的全程阻力损失;

　　　h_{min}——喷头装在最利点的全程阻力损失。

管网计算的原则:管道直径应符合输送设计流量的要求,同时管道最终压力还应符合喷头入口压力不低于喷头最低工作压力的要求。

管网系统计算步骤如下:

(1)储存容器数量的估算。

依据灭火剂总用量与单个储存容器的容积及其在某个压力等级下的充装率,即储存容器个数为:

$$N_P = 1.1 \frac{M}{\alpha V_0} \qquad (公式 8.8)$$

式中　N_P——储存容器个数,个;

　　　V_0——单个储存容器的容积,L;

　　　α——储数容器中二氧化碳的充装率,kg/L,对于高压储压系统 $a = 0.6~0.67$ kg/L;

　　　1.1——灭火剂储存量和实用量比值的经验数据。

(2)计算管段长度的确定。

按照管路布置,确定计算管段长度,计算管段长度应为管段实长与管道附件当量长度之和,管道附件当量长度,见表 8.6。

表 8.6　管道附件当量长度表

管道公称直径/mm	螺纹连接			焊接		
	90° 弯头/m	三通的直通部分/m	三通的侧通部分/m	90° 弯头/m	三通的直通部分/m	三通的侧通部分/m
15	0.52	0.3	1.04	0.24	0.21	0.82
20	0.67	0.43	1.37	0.33	0.27	0.85
25	0.85	0.55	1.74	0.43	0.37	1.07
32	1.13	0.7	2.29	0.55	0.46	1.4
40	1.31	0.82	2.62	0.64	0.52	1.65
50	1.68	1.07	3.42	0.85	0.87	2.1
65	2.01	1.25	4.09	1.01	0.82	2.5
80	2.50	1.56	5.06	1.25	1.01	3.11
100				1.65	1.34	4.09
125				3.04	1.68	5.12
150				2.47	2.01	6.18

（3）初定管径初定管径可按（公式8.9）计算：

$$D = (1.5 \sim 2.5)\sqrt{Q_s} \qquad （公式8.9）$$

式中　D——管道内径，mm；

　　　　Q_s——管道的设计流量，kg/min。

（4）输送干管的平均流量计算：

$$Q_s = \frac{M}{t} \qquad （公式8.10）$$

式中　t——二氧化碳喷射时间，min。

（5）管道压力降计算。

1）公式计算法：

$$Q_s^2 = \frac{0.872\,5 \times 10^{-4} D^{5.25} Y}{L + 0.043\,19 D^{1.25} Z} \qquad （公式8.11）$$

或

$$Y_2 = Y_1 + ALQ^2 + B(Z_2 - Z_1)Q^2 \qquad （公式8.12）$$

式中　Y——压力系数，MPa·kg/m³；

　　　　Z——密度系数；

　　　　Y_1, Y_2——计算管段的始、终端 y 值，MPa·kg/m³；

　　　　Z_1, Z_2——计算管段的始、终端 Z 值；

　　　　L——管段计算长度，m；

　　　　A, B——系数。

$$A = \frac{1}{0.872\,5 \times 10^{-4} D^{5.25}} \qquad （公式8.13）$$

$$B = \frac{4\,950}{D^4} \qquad （公式8.14）$$

管道的压力系数 Y 及密度系数 Z 由表8.7和表8.8查得，也可按下式计算：

$$Y = \int_{\rho_1}^{\rho_2} \rho \,\mathrm{d}\rho \qquad （公式8.15）$$

$$Z = \int_{\rho_1}^{\rho_1} \frac{\mathrm{d}\rho}{\rho} \qquad （公式8.16）$$

式中　ρ_1——压力为 p_1 时二氧化碳的密度，kg/m³；

　　　　ρ_2——压力为 p_2 时二氧化碳的密度，kg/m³。

2）图解法：将式（5.10）变换成下列形式：

$$\frac{L}{D^{1.25}} = \frac{0.872\,5 \times 10^{-5} Y}{(Q/D^2)^2} - 0.043\,19 Z \qquad （公式8.17）$$

表8.7　高压储存（5.17 MPa）系统各压力点的 Y, Z 值

压力/MPa	$Y/(\mathrm{MPa \cdot kg \cdot m^{-3}})$	Z	压力/MPa	$Y/(\mathrm{MPa \cdot kg \cdot m^{-3}})$	Z
5.17	0	0	3.50	927.7	0.830 0
5.10	55.4	0.003 5	3.25	1 005	0.950 0
5.05	97.2	0.060 0	3.00	1 082.3	1.086 0
5.00	132.5	0.082 5	2.75	1 150.7	1.240 0

续表8.7

压力/MPa	$Y/(\mathrm{MPa \cdot kg \cdot m^{-3}})$	Z	压力/MPa	$Y/(\mathrm{MPa \cdot kg \cdot m^{-3}})$	Z
4.75	303.7	0.210 0	2.50	1 219.3	1.430 0
4.50	460.6	0.330 0	2.25	1 250.2	0.620 0
4.25	612	0.427 0	2.00	1 285.5	1.340 0
4.00	725.6	0.570 0	1.75	1 318.7	2.140 0
3.75	828.3	0.700 0	1.40	1 340.8	2.590 0

表8.8　低压储存(2.07 MPa)系统各压力点的 Y,Z 值

压力/MPa	$Y/(\mathrm{MPa \cdot kg \cdot m^{-3}})$	Z	压力/MPa	$Y/(\mathrm{MPa \cdot kg \cdot m^{-3}})$	Z
2.07	0	0.000	1.50	369.6	0.994
2.00	66.5	0.120	1.40	404.5	1.169
1.90	150	0.295	1.30	433.8	1.344
1.80	220.1	0.470	1.20	458.4	1.519
1.70	278.0	0.645	1.10	478.9	1.693
1.60	328.5	0.820	1.00	496.2	1.368

令此管长 $L/D^{1.25}$ 为横坐标,压力 p 为纵坐标,根据式(5.15)关系在该坐标系统中取不同的比流量 Q/D^2 值,可得一组曲线簇,如图8.8和图8.9所示。这样便可利用图解法求出管道的压力降值。

使用图解法时,先要计算出各计算管段的比管长 $L/D^{1.25}$ 及比流量 Q/D^2 值,取管道的起点压力为储源的储存压力,以第二计算管段的始端压力等于第一计算管段的终端压力,就能找出第二计算管段的终端压力……依此类推,直到将系统量末端的压力求出。

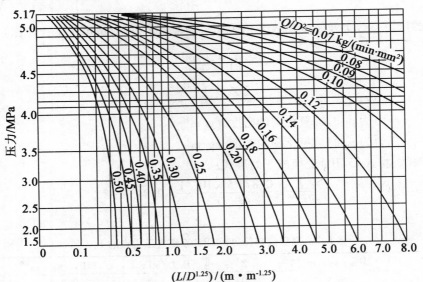

图8.8　5.17 MPa储压下的管路压力降

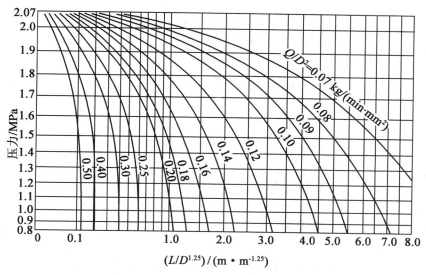

图 8.9 2.07 MPa 储压下的管路压力降

(6)高程压力校正。

在二氧化碳管网流体的计算中,可以将由于管道坡度所引起的管段两端的水头差忽略,但对于管段两端显著高程差所引起的水头不能忽略,应计入管段终点压力。水头是高度与密度的函数,二氧化碳的密度随着压力变化,在计算水头时,应取管段两端压力的平均值。当终点高度低于起点时,取正值;反之,则取负值。

流程高度所引起的压力校正值,见表 8.9。

表 8.9 流程高度所引起的压力校正值

管道平均压力 /MPa	流程高度所引起的压力校正值 /(MPa·m⁻¹)	管道平均压力 /MPa	流程高度所引起的压力校正值 /(MPa·m⁻¹)
5.17	0.008 0	4.14	0.004 9
4.83	0.006 8	3.79	0.004 0
4.48	0.005 8	3.45	0.003 6
3.10	0.002 8	2.07	0.001 6
2.76	0.002 4	1.72	0.001 2
2.41	0.001 9	1.40	0.001 0

(7)喷头压力和等效孔口喷射率。

喷头入口压力也就是系统最末管段终端压力。对于低压储存系统最不利喷头入口压力应不小于 1 MPa;对于高压储存系统最不利喷头入口压力应不小于 1.4 MPa。

喷头的等效孔口喷射率是按流量系数 0.98 标准孔口进行测算的,它是储存容器内压的函数。高压与低压储存系统的等效孔口喷射率,见表 8.10 和表 8.11。

表 8.10　高压储存(5.17 MPa)系统等效孔口的喷射率

喷头入口压力/MPa	喷射率/(kg·min⁻¹·mm⁻²)	喷头入口压力/MPa	喷射率/(kg·min⁻¹·mm⁻²)
5.17	3.225	3.28	1.223
5.00	2.703	3.10	1.139
4.83	2.401	2.93	1.062
4.65	2.172	2.76	0.984 3
4.48	1.993	2.59	0.907 0
4.31	1.839	2.41	0.829 6
4.14	1.705	2.24	0.759 3
3.96	1.589	2.07	0.689 0
3.79	1.487	1.72	0.689 0
3.62	1.396	1.40	0.483 3
3.45	1.308		

表 8.11　低压储存(2.07 MPa)系统等效孔口的喷射率

喷头入口压力/MPa	喷射率/(kg·min⁻¹·mm⁻²)	喷头入口压力/MPa	喷射率/(kg·min⁻¹·mm⁻²)
2.07	2.967	1.52	0.917 5
2.00	2.039	1.45	0.850 7
1.93	1.670	1.38	0.791 0
1.86	1.441	1.31	0.736 8
1.79	1.283	1.24	0.686 9
1.72	1.164	1.17	0.641 2
1.65	1.072	1.10	0.599 0
1.59	0.991 3	1.00	0.54 0

(8)喷头孔口尺寸计算喷头等效孔口面积可按式(8.18)计算:

$$F = \frac{Q_i}{q_0} \qquad\qquad （公式8.18）$$

式中　F——喷头等效孔口面积,mm/;

　　　q_0——等效孔口单位面积的喷射率,kg/(min.mm²),按表8.12选用;

　　　Q_i——单个喷头的设计流量,kg/min。

喷头规格应依据等效孔口面积按表8.13选用。

表 8.12　喷头入口压力单位面积喷射率表

喷头入口压力/MPa	喷射率/(kg·min⁻¹·mm⁻²)	喷头入口压力/MPa	喷射率/(kg·min⁻¹·mm⁻²)
5.17	3.225	3.28	1.223
5.00	2.703	3.10	1.139
4.83	2.401	2.93	1.062
4.65	2.172	2.76	0.984 3
4.48	1.993	2.59	0.907 0
4.31	1.839	2.41	0.829 6
4.14	1.705	2.24	0.779 3

续表 8.12

喷头入口压力/MPa	喷射率/(kg·min⁻¹·mm⁻²)	喷头入口压力/MPa	喷射率/(kg·min⁻¹·mm⁻²)
3.96	1.589	2.07	0.689 4
3.79	1.487	1.72	0.548 4
3.62	1.396	1.40	0.433 3
3.45	1.308		

表 8.13　喷头等效孔口尺寸

等效单孔面积/MPa	等效单孔直径/mm	喷头代号	等效单孔面积/MPa	等效单孔直径/mm	喷头代号
1.98	1.59	2	71.29	9.53	12
4.45	2.38	3	83.61	10.30	13
7.94	3.18	4	96.97	11.10	14
12.39	3.97	5	111.30	11.90	15
17.81	4.76	6	126.70	12.70	16
24.68	5.56	7	169.30	14.30	18
31.68	6.35	8	197.90	15.90	20
40.06	7.14	9	239.50	17.50	22
49.48	7.94	10	285.00	19.10	24
59.87	8.73	11			

8.3　七氟丙烷灭火系统

8.3.1　七氟丙烷灭火系统优点

（1）灭火效率良好，灭火速度快，效果好，灭火浓度低。

（2）对大气臭氧层无破坏作用，在大气中存留时间比 1301 低得多。低毒，很适用于经常有人工作的防护区。对人员暴露于七氟丙烷中的时间限制为：

1）9% 提及浓度以下，无限制。

2）9% ~10.5%，限制为 1 min。

3）10.5% 以上，避免暴露。

（3）不导电，不含水性物质，不会对电器设备、磁带、资料等造成损害，并且灭火后无残留物。

（4）不含固体粉尘及油渍。它是液态储存，气态释放；喷出后可自然排出或由通风系统迅速排除。

（5）七氟丙烷灭火系统所使用的设备、管道及配置方式几乎完全与 1301 相同，替代更换 1301 系统极为方便。

8.3.2　七氟丙烷灭火系统适用范围

七氟丙烷灭火系统主要适用于计算机房、通信机房、配电房、油浸变压器、自备发电机房、图书馆、档案室、博物馆及票据、文物资料库等场所，可用于扑救电气火灾、液体火灾或可熔化的固体火灾，固体表面火灾及灭火前能切断气源的气体火灾。

（1）七氟丙烷灭火系统可用于扑救下列火灾：

1）电气火灾。

2）液体火灾或可熔化的固体火灾。

3）固体表面火灾。

4）灭火前应能切断气源的气体火灾。

（2）七氟丙烷灭火系统不得用于扑救含有下列物质的火灾：

1）含氧化剂的化学制品及混合物，如硝化纤维、硝酸钠等。

2）活泼金属，如钾、钠、镁、钛、锆、铀等。

3）金属氢化物，如氢化钾、氢化钠等；

4）能自行分解的化学物质，如过氧化氢、联胺等。

8.3.3 七氟丙烷灭火系统组成和系统部件

1. 七氟丙烷灭火系统的组成

一般来说，七氟丙烷自动灭火系统由火灾报警系统、灭火控制系统和灭火系统 3 部分组成。而灭火系统又由七氟丙烷储存装置与管网系统 2 部分组成，其构成形式如图 8.10 所示。

如果每个防护区设置一套储存装置，成为单元独立灭火系统。如果将几个防护区组合起来，共同设立 1 套储存装置，则成为组合分配灭火系统。

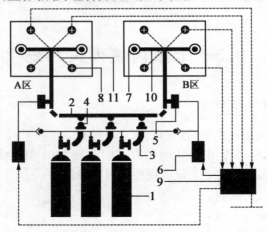

图 8.10　七氟丙烷自动灭火系统的构成
1—七氟丙烷储瓶（含瓶头阀和引升管）;2—汇流管（各储瓶出口连接在它上面）
3—高压软管（实现储瓶与汇流管之间的连接）;4—单向阀（防止七氟丙烷向储瓶倒流）
5—释放阀（用于组合分配系统，用其分配、释放七氟丙烷）
6—启动装置（含电磁方式、手动方式与机械应急操作）;
7—七氟丙烷喷头;8—火灾探测器（含感温、感烟等类型）
9—火灾报警及灭火控制设备;10—七氟丙烷输送管道;11—探测与控制线路（图中虚线表示）

2. 七氟丙烷灭火系统的部件

（1）七氟丙烷储瓶。

1）用途。瓶口安装瓶头阀，按设计要求充装七氟丙烷和增压 N_2。瓶头阀出口与管网系统相连。平时储瓶用来储存七氟丙烷,火灾发生时将七氟丙烷释放出去实施灭火。

2)结构。总体钢瓶为锰钢,焊接钢瓶为 16 MnV,瓶内作防锈处理,规格尺寸见表 8.14。

表 8.14 七氟丙烷储瓶性能及规格尺寸

型号	容积/L	公称工作压力/MPa	外径/mm	高度/mm	瓶重/kg	瓶口连接尺寸	材料
JR – 70/54	70	5.4	273	1530	82	M80×3(阳)	锰钢
JR – 100/54	100	5.4	366	1300	100	M80×3(阳)	16 MnV
JR – 120/54	120	5.4	350	1600	130	M80×3(阴)	锰钢

3)应用要求。

①储存容器应设压力指示器。

②储存容器应能承受最高环境温度下灭火剂的储存压力,储存容器上应设安全泄压装置,安全泄压装置的动作压力应符合下列规定:

a. 储存压力为 2.5 MPa 时,应为 4.4 ±0.2 MPa。

b. 储存压力为 4.2 MPa 时,应为 6.7 ±0.3 MPa。

③储存容器的设置应符合下列规定:

a. 储存容器应设置在防护区外专用的储存容器间内。

b. 同一集流管上的储存容器,其规格、尺寸、灭火剂充装量、充装压力均应相同。

c. 储存容器上应设耐久的固定标牌,标明每个储存容器的编号、容积、灭火剂名称、充装压力和充装日期等。

e. 储存容器安装应能便于再充装和装卸,宜留出不小于 1 m 的操作间距。

f. 储存容器应固定牢固。采用固定支架固定时宜背靠背安装;采用固定夹固定时,可单排或双排安装。

g. 储存容器间宜靠近防护区,其出口应直通室外或疏散通道。

k. 储存容器间的室内温度应为 0~50 ℃,并应保持干燥和良好通风,避免阳光直接照射。

d. 备用储存容器应与系统管网相连,且能与主储存容器切换使用。

e. 储存容器采用氮气(N_2)增压,其含水率体积比不应大于 0.006%。

(2)瓶头阀。

1)用途。瓶头阀安装在七氟丙烷储瓶瓶口上,具有封存、释放、充装、超压排放等功能。

2)结构。瓶头阀由瓶头阀本体、开启膜片、启动活塞、安全阀门和充装接嘴、压力表接嘴等部分组成。零部件采用不锈钢与铜合金材料,其规格尺寸见表 8.15。

表 8.15 瓶头阀性能及规格尺寸

型号	公称通径/mm	公称工作压力/MPa	进口尺寸	出口尺寸	启动接口尺寸	当量长度/m
JVF – 40/54	40	5.4	M80×3(阴)	M60×2(阳)	M10×1(阴)	3.6
JVF – 50/54	50	5.4	M80×3(阳)	M72×2(阳)	M10×1(阴)	4.5

3)应用要求。瓶头阀装上瓶体前,应按技术要求检查试验合格;按瓶身内部高度(减短 10 mm)在阀入口内螺纹 ZG1 1/2(或 ZG2)处装上长短合适通径为 40 mm(或 50 mm)的引升

管(用钢管时内外镀锌,管端为45°斜口),拧入时无需用密封带,但必须拧牢。

瓶头阀装上瓶体之后,应根据储瓶设计工作压力,2.5 MPa或4.2 MPa向储瓶充气进行气密试验。进行气密试验时,将瓶倒挂使瓶头阀与瓶的颈部浸入无水酒精槽内,保持10 min应无气泡泄出。

充装七氟丙烷时,将七氟丙烷气源的软管接头拧在充装接嘴上,然后开启充装阀实行充装。按设计充装率充装完毕,在关闭气源之后和卸下软管之前,必须关闭充装阀。另外,将充装接嘴卸下换装压力表接嘴,需装上压力表。

(3)电磁启动器。

1)用途。安装在启动瓶瓶头阀上,按灭火控制指令给其通电(直流24 V)启动,进而打开释放阀及瓶头阀,释放七氟丙烷实施灭火。并且,它可实行机械应急操作,实施灭火系统启动。

2)结构。电磁启动器由电磁铁、释放机构、作动机构组成;电磁铁顶部有手动启动孔,具有结构简单、作动力大、使用电流小、可靠性高等特点。

3)应用要求。当七氟丙烷储瓶已充装好并就位固定在储瓶间里,才可将电磁启动器装在启动瓶瓶头阀上,连接牢靠。连接时将连接嘴从启动器上卸下,拧到启动瓶瓶头阀的启动接口上。拧紧之后,将接嘴的另一端插入启动器并用锁帽固紧;检查作动机构有无异常,检查正常,并好盒盖。注意,N_2启动瓶预先充装(7.0 ± 1.0)MPa的N_2。保证电源要求,接线牢靠。

(4)释放阀。

1)用途。灭火系统为组合分配时设释放阀。对应各个保护区各设1个,安装在七氟丙烷储瓶出流的汇流管上,由它开放并引导七氟丙烷喷人需要灭火的保护区。

2)结构。释放阀由阀本体和驱动汽缸组成,结构简单,动作可靠。零件采用铜合金和不锈钢材料制造,其规格尺寸见表8.16。

表8.16 释放阀性能及规格尺寸

型号	公称直径/mm	工作压力/MPa	当量长度/mm	进出口尺寸	外形尺寸			
					L	B	H	h
EIS－40/12	40	12	5	ZG1$\frac{1}{2}$	146	110	137	59
EIS－50/12	50	12	6	ZG2	146	124	153	67
EIS－65/12	65	12	7.5	ZG2$\frac{1}{2}$	176	151	190	81
JS－80/4	80	4	9	ZG3	198	175	220	95
JS－100/4	100	4	10	ZG4	230	210	135	115

3)应用要求。安装完毕,检查压臂是否能正常抬起。应将摇臂调整到位,并将压臂用固紧螺钉压紧。

释放动作后,应由人工调整复位才可再用。

(5)七氟丙烷单向阀。

1)用途。七氟丙烷单向阀安装在七氟丙烷储瓶出流的汇流管上,防止七氟丙烷从汇流管向储瓶倒流。

2)结构。七氟丙烷单向阀由阀体、阀芯、弹簧等部件组成。密封采用塑料王,零件采用铜合金及不锈钢材料制造,其规格尺寸见表8.17。

表8.17 七氟丙烷单向阀性能及规格尺寸

型号	公称直径/mm	工作压力/MPa	动作压力/MPa	当量长度/mm	进口尺寸	出口尺寸
JP-40/54	40	5.4	0.15	3.0	M60×2(阳)	M65×2(阳)
JP-50/54	50	5.4	0.15	3.5	M72×2(阳)	M60×3(阳)

3)应用要求。定期检查阀芯的灵活性与阀的密封性。

(6)高压软管。

1)用途。高压软管用于瓶头阀与七氟丙烷单向阀之间的连接,形成柔性结构,适于瓶体称重检漏和安装方便。

2)结构。高压软管夹层中缠绕不锈钢螺旋钢丝,内外衬夹布橡胶衬套,按承压强度标准制造。进出口采用O形圈密封连接,其规格尺寸见表8.18。

表8.18 高压软管性能及规格尺寸

型号	公称直径/mm	工作压力/MPa	动作压力/MPa	当量长度/mm	进口尺寸	出口尺寸
JP-40/54	40	5.4	0.3	0.5	M60×2(阴)	M60×2(阴)
JP-50/54	50	5.4	0.4	0.6	M72×2(阴)	M60×3(阴)

3)应用要求。弯曲使用时不宜形成锐角。

(7)气体单向阀。

1)用途。气体单向阀用于组合分配的系统启动操纵气路上。控制那些七氟丙烷瓶头阀的应打开,另外的不应打开。

2)结构。气体单向阀由阀体、阀芯和弹簧等部件组成。密封件采用塑料王,零件采用铜合金及不锈钢材料制造,其规格尺寸见表8.19。

表8.19 气体单向阀性能及规格尺寸

型号	公称直径/mm	工作压力/MPa	动作压力/MPa	长度/mm	进出接口
EID4/20	4	20	0.2	105	DN4扩口式接头

3)应用要求。定期检查阀芯的灵活性与阀的密封性。

(8)安全阀。

1)用途。安全阀安装在汇流管上。由于组合分配系统采用了释放阀使汇流管形成封闭管段,一旦有七氟丙烷积存在里面,可能由于温度的关系会形成较高的压力,为此需装设安全阀。它的泄压动作压力为(6.8±0.4)MPa。

2)结构。安全阀由阀体及安全膜片组成。零件采用不锈钢与铜合金材料制造,其规格尺寸见表8.20。

表 8.20　安全阀性能及规格尺寸

型号	公称直径/mm	公称工作压力/MPa	泄压动作压力/MPa	连接尺寸
JA – 12/4	12	4.0	6.8 ± 0.4	ZG $\frac{3}{4}$

3)应用要求。安全膜片应经试验确定。膜片装入时涂润滑脂,并与汇流管一道进行气密性试验。

(9)压力信号器。

1)用途。压力信号器安装在释放阀的出口部位(对于单元独立系统,则安装在汇流管上)。当释放阀开启释放七氟丙烷时,压力讯号器动作送出工作讯号给灭火控制系统。

2)结构。由阀体、活塞和微动开关等组成。采用不锈钢和铜合金材料制造。规格尺寸见表 8.21。

表 8.21　压力信号器性能及规格尺寸

型号	公称直径/mm	公称工作压力/MPa	最小动作压力/MPa	接点电压电流	连接尺寸
EIX4/12	4	12	0.2	DC24V,≤1A	ZG $\frac{1}{2}$

3)应用要求。安装前进行动作检查,送进 0.2 MPa 气压时信号器应动作。接线应正确,一般接在常开接点上,动作后应经人工复位。

(10)喷头。

七氟丙烷灭火系统的喷头规格尺寸见表 8.22,JP6 – 36 型喷头流量曲线如图 8.11 所示。

(11)管道及其附件。

1)灭火剂输送管道应采用《输送流体用无缝钢管》(GB/T 8163—2008)中规定的无缝钢管,其规格应符合表 8.23 的要求。

表 8.22　七氟丙烷喷头性能及规格尺寸

型号 ＼ 规格	接管尺寸	当量标准号	喷口计算面积/cm²	保护半径/m	应用高度/m
JP – 6	ZG0.75″(阴)	6	0.178	7.5	5.0
JP – 7	ZG0.75″(阴)	7	0.243	7.5	5.0
JP – 8	ZG0.75″(阴)	8	0.317	7.5	5.0
JP – 9	ZG0.75″(阴)	9	0.401	7.5	5.0
JP – 10	ZG0.75″(阴)	10	0.495	7.5	5.0
JP – 11	ZG0.75″(阴)	11	0.599	7.5	5.0
JP – 12	ZG0.1″(阴)	12	0.713	7.5	5.0
JP – 13	ZG0.1″(阴)	13	0.836	7.5	5.0
JP – 14	ZG0.1″(阴)	14	0.970	7.5	5.0
JP – 15	ZG0.1″(阴)	15	1.113	7.5	5.0
JP – 16	ZG1″(阴)	16	1.267	7.5	5.0
JP – 18	ZG1.25″(阴)	18	1.603	7.5	5.0

续表 8.22

型号 规格	接管尺寸	当量标准号	喷口计算面积/cm²	保护半径/m	应用高度/m
JP – 20	ZG1.25″(阴)	20	1.977	7.5	5.0
JP – 22	ZG1.25″(阴)	22	2.395	7.5	5.0
JP – 24	ZG1.5″(阴)	24	2.850	7.5	5.0
JP – 26	ZG1.5″(阴)	26	3.345	7.5	5.0
JP – 28	ZG1.5″(阴)	28	3.879	7.5	5.0
JP – 30	ZG2″(阴)	30	4.453	7.5	5.0
JP – 32	ZG2″(阴)	32	5.067	7.5	5.0
JP – 34	ZG2″(阴)	34	5.720	7.5	5.0
JP – 36	ZG2″(阴)	36	6.413	7.5	5.0

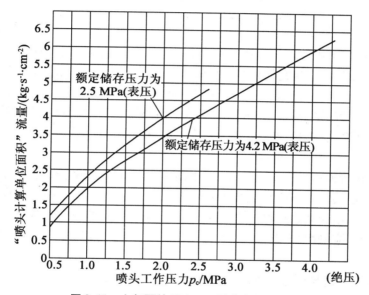

图 8.11　七氟丙烷 JP6 – 36 型喷头流量曲线

表 8.23　系统无缝钢管的规格

储存压力 MPa	公称直径		集流管 (外径 × 壁厚)mm	气体输送管道 (外径 × 壁厚)mm
	mm	in		
	15	1/2	22 × 3	22 × 3
	20	3/4	27 × 3.5	27 × 3.5
	25	1	34 × 4.5	34 × 4.5
	32	1 – 1/4	42 × 4.5	42 × 4.5
2.5	40	1 – 1/2	48 × 4.5	48 × 4.5
	50	2	60 × 5.0	60 × 5.0
	65	2 – 1/2	76 × 5.0	76 × 5.0
	80	3	89 × 5.0	89 × 5.0
	100	4	114 × 5.5	114 × 5.5

续表8.23

储存压力	公称直径		集流管	气体输送管道
MPa	mm	in	（外径×壁厚）mm	（外径×壁厚）mm
	15	1/2	22×3	22×3
	20	3/4	27×3.5	27×3.5
	25	1	34×4.5	34×4.5
	32	1-1/4	42×4.5	42×4.5
	40	1-1/2	48×4.5	48×4.5
4.2	50	2	60×5.0	60×5.0
	65	2-1/2	76×5.0	76×5.0
	80	3	89×5.5	89×5.5
	100	4	114×6	114×6
	125	5	140×6	140×6
	150	6	167×7	167×7

2）灭火剂输送管道内外表面应作镀锌防腐处理，并应采用热浸镀锌法。镀锌层的质量可参照《低压流体输送用焊接钢管》（GB/T 3091—2008）的规定。当环境对管道的镀锌层有腐蚀时，管道可采用不锈钢管、铜管或其他抗腐蚀耐压管材。

3）气体驱动装置的输送管道宜采用铜管或不锈钢管，且应能承受相应启动气体的最高储存压力。输送管道从驱动装置的出口到储存容器和选择阀的距离，应满足系统生产厂商产品的技术要求。

4）灭火剂输送管道可采用螺纹连接、法兰连接或焊接。公称直径等于或小于80 mm 的管道，宜采用螺纹连接；公称直径大于80 mm 的管道，宜采用法兰连接。灭火剂输送管道采用螺纹连接时，应采用《60°密封管螺纹》（GB/T 12716—2011）中规定的螺纹。灭火剂输送管道采用法兰连接时，应采用《凹凸面对焊钢制管法兰》（JB/T 82.2—1994）中规定的法兰，并应采用金属齿形垫片。

5）灭火剂输送管道与选择阀采用法兰连接时，法兰的密封面形式和压力等级应与选择阀本身的技术要求相符。

6）灭火剂输送管道不宜穿越沉降缝、变形缝，当必须穿越时应有可靠的抗沉降和变形措施。灭火剂输送管道不应设置在露天。

7）灭火剂输送管道应设固定支架固定，支、吊架的安装应符合以下要求：

①管道应固定牢靠，管道支、吊架的最大间距应符合表8.24 的规定。

表8.24 灭火剂输送管道固定支吊架的最大距离

管道公称直径/mm	15	20	25	32	40	50	65	80	100	150
最大间距/m	1.5	1.8	2.1	2.4	2.7	3.4	3.5	3.7	4.3	5.2

②管道末端喷嘴处应采用支架固定，支架与喷嘴间的管道长度不应大于300 mm。

③公称直径大于或等于50 mm 的主干管道，在其垂直方向和水平方向至少应各安装一个防晃支架。当穿过建筑物楼层时，每层应设一个防晃支架。当水平管道改变方向时，应设

防晃支架。

8.3.4 灭火系统设计计算

1. 主要技术参数

主要技术参数,见表8.25。

表8.25 主要技术参数

灭火技术方式	全淹没
系统设计工作压力	2.5 MPa,4.2 MPa
系统最大使用工作压力	3.5 MPa,5.42 MPa
喷头工作压力	一般≥0.8 MPa,最小≥0.5 MPa
单只喷头的保护半径	5.0 m
喷头的保护高度	5.0 m
喷放时间	≤10 s
储存容器充装率	<1 150 kg/m³
储存容器容积	100 L
系统运行/储存温度范围	-10~50 ℃
防护区最低环境问题	≥-10 ℃
防护区面积	≤500 m²
防护区体积	≤2 000 m³
系统启动方式	自动,手动,应急启动
系统启动电源	DC24V,1 A
N_2 启动瓶容积	4 L,40 L
N_2 启动瓶充装压力	7.0±1.0 MPa
4.0 LN_2 启动瓶开启灭火剂瓶数	≤30 瓶
40.0 LN_2 启动瓶开启灭火剂瓶数	≤200 瓶

注:①预置灭火装置≤100 m²;②预置灭火装置≤300 m²

2. 一般规定

一般在喷头数量、气瓶位置确定之后,就可布置管道。管网宜布置成均衡系统,否则即为不均衡系统。均衡系统的优点是:其一便于系统设计计算;其二可减少管网内灭火剂的剩余量,从而节省投资。

国外对于2个或4个喷头的系统,会要求布置为对称的(即均衡系统)。此系统每个喷头彼此对称地喷射相同质量的灭火剂。为实现这一目的,从气瓶阀门到喷头的管道口径必须相同;从气瓶阀门到喷头的管道系统也必须对称;并且最短的管道长度不能少于最长的管道长度的90%。另外,气瓶也应尽可能靠近防护区域,以减少压力衰减因数。

(1)单元独立系统需预先确定管径、最大管长、最大管道配件数及喷头直径。其优点是安装简单,不需经过冗长的计算,通常安装在比较小的房间内。

选用方法:首先计算防护区净容积,以确定环境最低温度及要求的设计浓度,然后查表并计算灭火剂用量,继而选定气瓶后,按照表8.26,将其配置在防护区内。

表 8.26　预置灭火装置选用表

钢瓶容量/L	最小充装量/L	最大充装量/L	管径/mm	最大长度/m	最大管道配件数/个	喷头直径/mm
6.5	4	6	25	9	1①5△②	25
13.0	7	12	25	9	1①5△②	25
25.5	13	25	25	9	1①5△②	25
52.0	26	56	40	12	1①5△②	40
105.0	53	100	50	12	1①5△②	50

注:①活接头;②弯头。

(2)当组合分配管网系统设计计算时,一般应考虑:

1)防护区应按照固定的封闭空间划分,分别计算各保护空间的净容积。

2)每一保护空间内的喷头处压力及灭火剂喷射时间应基本一致。

3)管网管径、管长、弯头、T 形接头、瓶头阀、选择阀及压力开关等均应进行严格的设计计算,从而使灭火剂喷射时间控制在 10 s 以内。

4)根据现场情况制订方案,将每一保护空间的灭火剂浓度控制在允许的设计浓度之内。

5)根据现场情况制订控制方案。

6)对于保护空间大、保护区多的系统,应设计备用量。

3.设计用量(包括门、窗等缝隙高压喷射时漏失流量)

设计药剂用量可按下列公式计算:

$$W = K \frac{V}{s} \times \frac{c}{100 - c}$$

（公式 8.19）

式中　　W——设计药剂用量,kg;

V——防护区净容积(建筑构件除外),m^3;

s——过热蒸气比容,m^3/kg;用 $s = 0.126\ 9 + 0.000\ 513\ t$ 计算;

t——为防护区内的最低环境温度,℃;

K——海拔高度修正系数;

c——七氟丙烷灭火(或惰化)设计浓度,%。

在无爆炸危险的气体、液体类火灾以及固体类火灾的防护区内,应采用灭火设计浓度;而有爆炸危险的气体、液体类火灾的防护区内,则应采用惰化设计浓度。灭火设计浓度不应小于灭火浓度的 1.2 倍;惰化设计浓度不应小于惰化浓度的 1.1 倍。当几种可燃物共存或混合时,其设计浓度应依据其中最大的确定。固体表面火灾灭火浓度为 5.8%,气体、液体类火灾灭火浓度见表 8.27;气体、液体类火灾惰化浓度见表 8.28;固体及气体、液体类火灾灭火设计浓度和浸渍时间见表 8.29;海拔高度修正系数 K 见表 8.30。

表 8.27　可燃物的灭火浓度

可燃物	灭火浓度/%	可燃物	灭火浓度/%
丙酮	6.8	JP－4	6.6
乙腈	3.7	JP－5	6.6
AV 汽油	6.7	甲烷	6.2
丁醇	7.1	甲醇	10.2

续表 8.27

可燃物	灭火浓度/%	可燃物	灭火浓度/%
丁基醋酸酯	6.6	甲乙酮	6.7
环戊酮	6.7	甲基异丁酮	6.6
2 号柴油	6.7	吗啉	7.3
乙烷	7.5	硝基甲烷	10.1
乙醇	8.1	丙烷	6.3
乙基醋酸酯	5.6	Pyrollidine	7.0
乙二醇	7.8	四氢呋喃	7.2
汽油(无铅,7.8%乙醇)	6.5	甲苯	5.8
庚烷	5.8	变压器油	6.9
1 号水利流体	5.8	涡轮液压油 23	5.1
异丙醇	7.3	二甲苯	5.3

表 8.28   可燃物的惰化浓度表

可燃物	惰化浓度/%	可燃物	惰化浓度/%
1-丁烷	11.3	乙烯氧化物	13.6
1-氯-1,1-二氟乙烷	2.6	甲烷	8.0
1,1-二氟乙烷	8.6	戊烷	11.6
二氯甲烷	3.5	丙烷	11.6

表 8.29   灭火设计浓度和浸渍时间表

火灾类型	灭火设计浓度/%	浸渍时间/min	火灾类型	灭火设计浓度/%	浸渍时间/min
图书库	≥10	≥20	带油开关的配电室	≥8.3	≥10
档案库	≥10	≥20	自备发电机机房	≥8.3	≥10
票据库(宝库金库)	≥10	≥20	通信机房	≥8	≥3
文物资料库	≥10	≥20	电子计算机房	≥8	≥3
油浸变压器室	≥8.3	≥10	气体和液体		≥1

表 8.30   海拔高度修正系数

海拔高度/m	修正系数 K	海拔高度/m	修正系数 K
-1 000	1.130	2 500	0.735
0	1.000	3 000	0.690
1 000	0.885	3 500	0.650
1 500	0.830	4 000	0.610
2 000	0.785	4 500	0.565

4.管网计算

(1)主干管平均设计流量:

$$Q_w = \frac{W}{t}$$

（公式 8.20）

式中 Q_w——主干管平均设计流量,kg/s;

　　W——药剂灭火设计用量,kg;

　　t——药剂喷放时间,s。

　　(2)支管平均设计流量:

$$Q_g = \sum_1^{N_g} Q_c \qquad （公式8.21）$$

式中　Q_g——支管平均设计流量,kg/s;

　　　　N_g——安装在计算支管下游的喷头数量,个;

　　　　Q_c——单个喷头设计流量,kg/s。

　　(3)喷放"过程中点"储存容器内压力。

$$P_m = \frac{P_0 V_0}{V_0 + \dfrac{W}{2\rho} + V_P} \qquad （公式8.22）$$

式中　P_m——喷放"过程中点"储存容器内压力,MPa;

　　　　P_0——储存容器额定增压压力,MPa;一级(2.5±0.125)MPa,二级(4.2±0.125)MPa;

　　　　W——药剂灭火设计用量,kg;

　　　　ρ——液体密度,kg/m³。20 ℃时为1 047 kg/m³;

　　　　V_P——管道内容积,m³;

　　　　V_0——喷放前全部储存容器内的气相总容积,m³,即:

$$V_0 = n \cdot V_b \left(1 - \frac{\eta}{\rho}\right) \qquad （公式8.23）$$

式中　n——储存容器数量,个;

　　　　V_b——储存容积容量,m³;

　　　　η——充装率,kg/m³,即

$$\eta = \frac{W_s}{n V_b} \qquad （公式8.24）$$

式中　W_s——系统药剂设置用量,kg。

　　(4)按图7.2初定管径,可按平均设计流量及管道阻力损失为0.003~0.02 MPa/m进行计算。

　　(5)计算管段阻力损失。

　　①管段阻力损失按下式计算:

$$\Delta P = \frac{5.75 \times 10^5 Q_P^2}{\left(1.74 + 2\lg \dfrac{D}{0.12}\right)^2 D^5} L \qquad （公式8.25）$$

式中　ΔP——计算管段阻力损失,MPa;

　　　　L——计算管段的计算长度,m;

　　　　Q_P——管道流量,kg/m³;

　　　　D——管道内径,mm。

　　②管段阻力损失按图8.12确定。

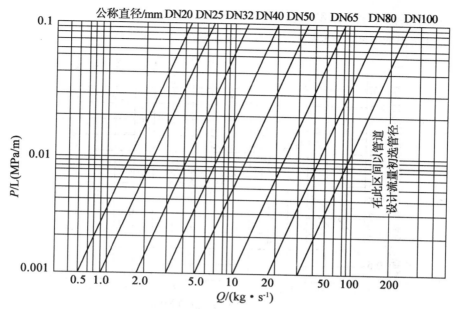

图 8.12　镀锌钢管阻力损失与七氟丙烷流量的关系

（6）高程压头：

$$P_h = 10^{-6} \cdot \rho \cdot H \cdot g \qquad （公式 8.26）$$

式中　P_h——高程压头，MPa；

　　　　H——喷头高度相对"过程中点"时储存容器液面的位差，m；

　　　　ρ——液体密度，kg/m³，20 ℃时为 1 407 kg/m³；

　　　　g——重力加速度，9.81 m/s²。

（7）喷头工作压力：

$$P_c = P_m - \sum_1^{N_d} \Delta P \qquad （公式 8.27）$$

式中　P_c——喷头工作压力，MPa；

　　　　P_m——喷放"过程中点"储存容器内压力，MPa；

　　　　ΔP——系统流程总阻力损失，MPa；

　　　　N_d——计算管段的数量；

　　　　P_h——高程压头，MPa，向上取正值，向下取负值。

（8）喷头空口面积：

$$F_c = \frac{10Q_c}{\mu_c \sqrt{2\rho_c}} = \frac{Q_c}{q_c} \qquad （公式 8.28）$$

式中　F_c——喷头孔口面积，cm²；

　　　　Q_c——单个喷头的设计流量，kg/s；

　　　　P_c——喷头工作压力，MP；

　　　　ρ——液体密度，kg/m³。20 ℃时为 1 407 kg/m³；

　　　　μ_c——喷头流量系数；

q_c——喷头计算单位面积流量,$kg/(s \cdot cm^2)$。

喷头空口面积依据图 8.13 所示的 JP6－36 型喷头流量曲线确定。

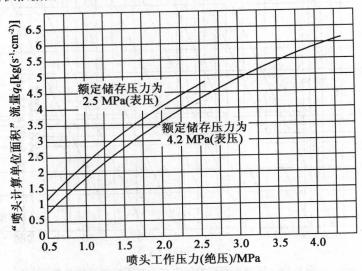

额定储存压力为 2.5 MPa(表压)

额定储存压力为 4.2 MPa(表压)

图 8.13　使用氮气增压输送的七氟丙烷 JP6－36 型喷头流量曲线

8.4　其他灭火系统

8.4.1　蒸汽灭火系统

1. 灭火机理和适用范围

水蒸气是热含量高的惰性气体,能够冲淡燃烧区的可燃气体,降低空气中氧的含量,达到窒息灭火的作用。

饱和蒸汽灭火效果优于过热蒸汽,特别对于高温设备的油气火灾,不仅能迅速扑灭泄漏点火灾,而且可以防止水系统灭火形式可能引起的设备破裂的危险。

设置蒸汽灭火系统的场所主要有:

(1)火柴厂的火柴库部位。

使用蒸汽的甲乙类厂房,操作温度等于或超过本身自燃点的丙类液体厂房。

(2)单台锅炉蒸发量超过 2 t/h 的燃油、燃气锅炉房。

蒸汽灭火系统是在经常具备充足蒸汽源的条件之下使用的一种灭火方式,具有设备造价低、淹没性好等优点,但不适用于大体积、大面积的火灾区域,也不适用于扑灭电器设备、贵重仪表、文物档案等的火灾。

2. 蒸汽灭火系统类型与组成

蒸汽灭火系统按照其灭火场所不同,可分为固定蒸汽灭火系统与半固定式蒸汽灭火系统。蒸汽灭火系统组成如图 8.14 所示。

(1)固定式蒸汽灭火系统。固定式蒸汽灭火系统,通常由蒸汽源、输气干管、支管、排气管等组成,如图 8.14(a)所示。固定式蒸汽灭火系统通过全淹没方式来扑灭整个房间、舱室的火灾。它使燃烧房间惰化而熄灭火焰。常被用于生产厂房、游船舱、燃油锅炉的泵房、甲苯泵房等场所。对建筑物容积不大于 500 m³ 的保护空间灭火效果较好。

（2）半固定式蒸汽灭火系统。半固定式蒸汽灭火系统由蒸汽源、输汽干管、支管、接口短管等部分组成，如图 8.14（b）所示。

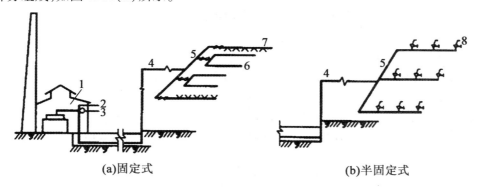

(a)固定式 　　　　　　　　　　　　　　(b)半固定式

图 8.14　固定和半固定式蒸汽灭火系统
1—蒸汽锅炉房；2—生活蒸汽管网；3—生产蒸汽管网；4—输汽干管；
5—配气支管；6—配气管；7—蒸汽幕；8—接蒸汽喷枪短管

该系统通过利用水蒸气的机械冲击力量吹散可燃气体，并可在火焰周围瞬间形成蒸汽层，隔绝氧气从而达到灭火的目的。该系统可被用于扑救闪点大于 45 ℃ 的罐体会破裂的可燃液体储罐的火灾以及局部火灾，有良好的灭火效果。例如，地上式可燃液体（不包括润滑油）储罐区，宜设置半固定式蒸汽灭火系统。

3. 蒸汽灭火体积分数

将蒸汽释放到燃区进行灭火时，煤油、汽油、柴油和原油的蒸汽灭火体积分数不宜小于 35%，也就是每立方米燃烧区空间内应有不少于 0.35 m³ 的水蒸气。

厂房、库房、泵站、舱室的灭火蒸汽量可按式（8.29）计算：
$$W = 0.248V \qquad\qquad （公式 8.29）$$

式中　W——灭火最小蒸汽量，单位为 kg；

　　　V——室内空间体积，单位为 m³。

蒸汽灭火除了需要满足公式（8.29）计算的蒸汽量之外，还应有一定的供给强度，才能实现灭火效果。汽油、煤油、柴油生产车间以及储存舱室的蒸汽供给强度，不仅与防护区的封闭性有关，而且与防护区的空间体积也有关联。蒸汽灭火的延续时间不宜超过 3 min，即宜在 3 min 内使燃烧区空间内的蒸汽量达到灭火需求。

4. 蒸汽灭火系统的设计要求

灭火用的蒸汽源不应被易燃、可燃液体或可燃气体所污染。生产、生活以及消防合用蒸汽分配箱时，在生产和生活用的蒸汽管线上应设置止回阀及阀门，以避免其管线内的蒸汽倒流。

灭火蒸汽管线蒸汽源的压力不应小于 0.6 MPa。

从蒸汽源到保护区的输气干管和蒸汽支管的长度不应超过 60 m。当总长度超过 60 m 时，宜分设灭火蒸汽分配箱，以确保蒸汽灭火效果。

8.4.2　干粉灭火系统

干粉灭火系统是将干粉作为灭火剂的灭火系统。

干粉灭火剂是用于灭火的干燥、易于流动的微细粉末,由具有灭火功能的无机盐及少量的添加剂经干燥、粉碎、混合而成微细固体粉末而组成。主要是利用化学抑制和窒息作用灭火。除扑救金属火灾的专用干粉灭火剂外,常用干粉灭火剂通常分为 B、C 干粉灭火剂和 A、B、C 干粉灭火剂两大类,如碳酸氢钠干粉、改性钠盐干粉、磷酸氢二铵干粉、磷酸二氢铵干粉、磷酸干粉等。干粉灭火剂主要利用在加压气体的作用下喷出的粉雾同火焰接触、混合时发生的物理、化学作用灭火。一是依靠干粉中的无机盐的挥发性分解物及燃烧过程中燃烧物质所产生的自由基或活性基发生化学抑制与负化学催化作用,使燃烧的链式反应中断而灭火;二是依靠干粉的粉末落到可燃物表面上,发生化学反应,并在高温作用下形成一层覆盖层,从而达到隔绝氧窒息灭火的效果。

干粉灭火系统是利用供应装置、管道或软带输送干粉,利用固定喷嘴、干粉喷枪、干粉炮喷放干粉的灭火系统。主要被用于扑救易燃/可燃液体、可燃气体以及电气设备的火灾。干粉灭火系统工作原理,如图 8.15 所示。

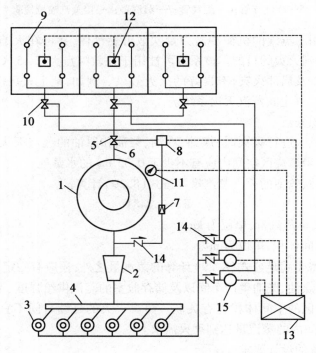

图 8.15　干粉灭火系统工作原理

1—干粉储罐;2—压力控制器;3—氮气瓶;4—集气管;5—球阀;6—输粉管;7—减压阀;8—电磁阀;
9—喷嘴;10—选择阀;11—压力传感器;12—火灾探测器;13—消防控制中心;14—止回阀;15—启动气瓶

干粉灭火系统的优点主要体现在:

(1)无毒或低毒,对环境不会产生危害。

(2)不用水,绝缘性好,可用于扑救带电设备的火灾,对机器设备的污损较小。

（3）灭火时间短、效率高。对石油产品的灭火效果尤为显著。

（4）以有相当压力的二氧化碳或氮气作喷射动力，或以固体发射剂为喷射动力，不受电源限制。

（5）干粉能较长距离输送，因此干粉设备可远离火区。

干粉灭火具有灭火时间短、效率高、绝缘好、灭火后损失小、不怕冻、可被长期储存等众多优点。干粉灭火系统可适用于 A、B、C、D 四类火灾，但主要还是用于 B、C 类火灾的扑救。系统选用时，特别注意需根据不同的保护对象，例如对于 D 类金属火灾，须选用相应的干粉灭火剂。

干粉灭火系统，对于以下场所或类型的火灾扑救不适用：

（1）自身能够释放氧气或提供氧源的化合物火灾。例如过氧化物、硝化纤维素等的火灾。

（2）普通燃烧物质的深部位的火或者阴燃火。

（3）精密仪器、精密电气设备、计算机等火灾。若用干粉灭火剂则会对上述仪器设备造成污损。

（4）固定干粉灭火剂不能有效解决复燃问题，因此，对有复燃危险的火灾危险场所，宜用干粉、泡沫联用装置。

干粉灭火系统类型的划分主要有三种方式：

（1）根据系统的启动方式分类，可分为手动干粉灭火系统与自动干粉灭火系统。

有的手动系统全部需要人工开启各种阀门，有的手动系统只需按一下启动按钮，其他动作可以自动完成，则称为半自动灭火系统。

自动干粉灭火系统通常依靠火灾自动探测控制系统与干粉灭火系统联动。

（2）根据固定方式，可分为固定式干粉灭火系统与半固定式灭火系统。

固定式干粉灭火系统的主要部件，比如干粉容器、气瓶、管道以及喷嘴均为永久固定。

半固定式系统的干粉容器，其气瓶为永久固定，而干粉的输送与喷射分别通过软管与手持喷枪完成，是可移动的。

（3）根据保护对象情况，可分为全淹没系统与局部保护系统。

全淹没系统指干粉灭火剂经永久性固定管道及喷嘴进入的火灾危险场所是一个封闭空间或封闭室，这个空间能足以形成需要的粉雾浓度。若此空间有开口，则开口的最大面积不能超过侧壁、顶部和底部总面积的 15%。

8.4.3　泡沫灭火系统

泡沫灭火剂的灭火机理主要是通过泡沫灭火剂与水混溶后产生一种可漂浮或黏附在着火的燃烧物表面形成一个连续的泡沫层，或者充满某一火场的空间，起到隔绝、冷却以及窒息的作用。也就是通过泡沫本身及所析出的混合液对燃烧物表面进行冷却，以及利用泡沫层的覆盖作用使燃烧物与氧隔绝而灭火。泡沫灭火剂的主要缺点是水渍损失和污染、不能被用于带电火灾的扑救。

泡沫灭火系统被广泛应用于油田、炼油厂、发电厂、油库、汽车库、飞机库、矿井坑道等场所。泡沫灭火系统根据其使用方式有固定式、半固定式与移动式之分。选用泡沫灭火系统时，应依据可燃物的性质选用泡沫液。泡沫罐应贮存在通风、干燥的场所，温度应在 0～40 ℃

范围内。此外,还应保证泡沫灭火系统所需的消防用水量、水温($T=4\sim35$ ℃)以及水质要求。

1. 灭火机理

泡沫是一种表面被液体包围、体积较小的气泡群。泡沫灭火系统的作用机理主要有:

(1)泡沫的相对密度在 $0.001\sim0.5$ 之间,其密度要远远小于一般可燃液体的密度,可以漂浮在可燃液体的表面,或黏附于一般可燃固体的表面,以形成泡沫覆盖层,使燃烧物表面同空气相隔离。

(2)泡沫层可以阻隔火焰对燃烧物表面的热辐射,降低可燃液体的蒸发速度或固体的热分解速度,使可燃气体难以进入燃烧区域。

(3)泡沫中所析出的水分对燃烧物表面有冷却作用。

(4)泡沫中的水分受热蒸发而产生的水蒸气进入燃烧区之后有降低氧气浓度的作用。

泡沫灭火剂包括化学泡沫灭火剂与空气泡沫灭火剂两大类。化学泡沫是通过硫酸铝与碳酸氢钠的水溶液发生化学反应,产生二氧化碳,而形成泡沫。化学泡沫灭火剂主要是被充装在 100 L 以下的小型灭火器内,用来扑救小型初期火灾。

空气泡沫是由含有表面活性剂的水溶液在泡沫发生器中利用机械作用而产生的,泡沫中所含的气体为空气。空气泡沫也被称作机械泡沫。目前我国大型泡沫灭火系统大多以采用空气泡沫灭火剂为主。本节主要介绍空气泡沫灭火系统。

2. 系统分类

按照泡沫灭火剂发泡性能的不同可分为:低倍数泡沫灭火系统、中倍数泡沫灭火系统与高倍数泡沫灭火系统三类。低倍泡沫灭火剂的发泡倍数通常在 20 倍以下,中倍数泡沫灭火剂的发泡倍数通常在 $20\sim200$ 倍之间,而高倍数泡沫灭火剂的发泡倍数通常在 $200\sim1\,000$ 倍之间。

按照喷射方式不同,分为液上及液下系统;按照设备与管道的安装方式不同,分为固定式、半固定式与移动式系统。

按照灭火范围不同,分为全淹没式与局部应用式系统。

(1)低倍数泡沫灭火系统。

该系统主要被用于扑救原油、汽油、柴油、煤油、甲醇、乙醇、丙酮等 B 类火灾,适用于炼油厂、化工厂、油库、油田、为铁路油槽车装卸的鹤管栈桥、码头、飞机库、机场、燃油锅炉房等。

1)固定式泡沫灭火系统。《石油库设计规范》(GB 50074—2002)规定独立的石油库宜采用固定式泡沫灭火系统。通常由水池、固定的泡沫泵站(内设泡沫液泵、泡沫液储罐及比例混合器等)、泡沫混合液的输送管道、阀门以及泡沫发生器等所组成。它适用于以下情况:

①总储量大于、等于 200 m³ 的水溶性甲、乙、丙类液体储罐区。

②总储量大于、等于 500 m³,独立的非水溶性甲、乙、丙类液体储罐区。

③机动消防设施不足的企业附属非水溶性甲、乙、丙类液体储罐区。

根据泡沫喷射方式的不同,固定式泡沫灭火系统又分为液下喷射与液上喷射两种形式。

液下喷射泡沫灭火系统必须使用氟蛋白泡沫液或水成膜泡沫液。国内现行的低倍数泡沫灭火系统设计规范已规定了以氟蛋白泡沫液为灭火剂的设计参数。该系统需在防火堤外安装高倍压泡沫发生器,泡沫管入口装在油罐的底部,泡沫由油罐下部注入,通过油层上升而进入燃烧液面,所产生的浮力使罐内油品上升,冷却表层油。同时,可以防止泡沫在油罐爆炸掀顶时,因热气流、热辐射及热罐壁高温而遭到破坏,提高了灭火效率。该系统通常用于固定顶罐的防护,但不能被用于水溶性甲、乙、丙类液体储罐的防护,也不宜用于外浮顶及内浮顶储罐,如图8.16所示。

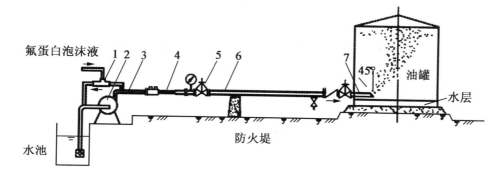

图 8.16 固定式液下喷射泡沫灭火系统
1—环泵式比例混合器;2—泡沫混合液泵;3—泡沫混合液管道;4—液下喷射泡沫产生器;
5—背压调节阀;6—泡沫管道;7—泡沫注入管

液上喷射泡沫灭火系统的泡沫发生器安装在油罐壁的上端,喷射出的泡沫通过反射板反射在罐内壁,沿罐内壁向液面上覆盖,达到灭火的效果。缺点是当油罐发生爆炸时,泡沫发生器或泡沫混合液管道有可能会被拉坏,导致火灾失控,如图8.17所示。

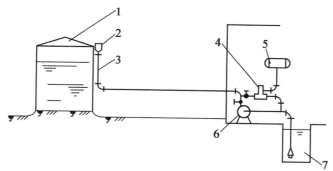

图 8.17 固定式液上喷射泡沫灭火系统
1—油罐;2—泡沫发生器;3—泡沫混合液管道;4—比例混合器;
5—泡沫液罐;6—泡沫混合液泵;7—水池

2)半固定式泡沫灭火系统。半固定式泡沫灭火系统适用于机动消防设施强的企业、附属甲、乙、丙类液体的储罐区、石油化工生产装置区以及火灾危险大的场所。

半固定式泡沫灭火系统一般有两种形式:

①一种是由固定安装的泡沫发生器、泡沫混合液管道及阀门配件所组成,没有固定泵站,而泡沫混合液由泡沫消防车提供。该系统多被用在大型的石化企业、炼油厂中。有液上喷射与液下喷射两种形式。

②另一种是由固定消防泵站、相应的管道和移动的泡沫发生装置所组成。通常在泡沫混合液管道上留出接口,必要时用水带连接泡沫管枪、泡沫钩管等设备组成灭火系统进行扑灭

火灾。在罐区中一般不采用这种形式作为主要的灭火方式,而可作为固定式泡沫灭火系统的辅助与备用手段。

3)移动式泡沫灭火系统。该系统一般是由水源(室外消火栓、消防水池或天然水源)、泡沫消防车、水带、泡沫枪或泡沫钩管以及泡沫管架等所组成。也可用大型泡沫消防车的泡沫炮直接喷射。

若采用泡沫枪等移动式泡沫灭火设备扑救地面流散的水溶性可燃液体火灾,应按照流散液体厚度及泡沫液的要求选用合理的喷射方式。

以下场所宜选用移动式泡沫灭火系统:

①卧式储罐。

②总储量不大于 500 m³,单罐容量不大于 200 m³,且罐壁高度不大于 7 m 的地上非水溶性甲、乙、丙类液体立式储罐。

③总储量小于 200 m³,单罐容量不大于 100 m³,且罐壁高度不大于 5 m 的地上非水溶性甲、乙、丙类液体立式储罐。

④甲、乙、丙类液体装卸区易泄漏的场所。

⑤石油库设计规范规定了半地下、地下、覆土与卧油罐、润滑油罐也可采用移动式泡沫灭火系统。

地下停车库,每层宜设置 2 只移动式泡沫管枪,泡沫液储量不应小于灭火用量的 2 倍,灭火时间不少于 20 min。泡沫管枪与泡沫液应集中存放在便于取用的地点。室内消火栓的压力应能符合移动式空气泡沫管枪所需的压力要求。

移动式泡沫灭火设备还可作为固定式与半固定式灭火系统的辅助灭火设施。

该系统是在火灾发生之后铺设,不会遭到初期燃烧爆炸的破坏,使用起来机动灵活。但使用过程中常常由于受风力等因素的影响,泡沫的损失量大,系统需要供给的泡沫量相应地增加。并且系统操作起来比较复杂,受外界因素的影响较大,扑救火灾的速度没有固定和半固定式系统快。

(2)高倍数泡沫灭火系统。

高倍数泡沫灭火系统是一种比较新型的泡沫灭火方式。此系统不仅可以用于扑救 A、B 类火灾以及封闭的带电设备场所的火灾,而且还可以有效控制液化石油气、液化天然气的流淌火灾。高泡沫灭火系统同时又具有消烟、排除有毒气体以及形成防火隔离带等多种用途。

1)全淹没式高倍数泡沫灭火系统。该系统将泡沫按照规定的高度充满整个需要保护的空间,并将泡沫保持到所需的时间,避免连续燃烧所必需的新鲜空气接近火焰,使其窒息、冷却,达到控制火灾和扑救火灾的效果。大范围的封闭空间以及大范围的设有阻止泡沫流失的固定围墙或其他围挡设施的场所均可选用全淹没式高倍数泡沫灭火系统。

全淹没高倍数泡沫灭火系统通常采用固定式。其系统组成主要包括水泵、泡沫液泵、出水设备、泡沫液储罐、比例混合器、压力开关、控制箱、管道过滤器、泡沫发生器、导泡筒、固定管道及阀门以及附件等。若配上火灾自动控测器、报警装置、控制装置,就可组成自动控制全淹没式高倍数泡沫灭火系统。

2)局部应用式高倍数泡沫灭火系统。局部应用式高倍数泡沫灭火系统通常有两种形式,固定式与半固定式。固定式的组件与自动控制等要求均相同于全淹没式高倍数泡沫灭火系统。半固定式一般由泡沫发生器、压力开关、导炮筒、控制箱、管道过滤器、比例混合器、阀门、水管消防车或泡沫消防车、管道、水带及附件等所组成。

局部应用式高倍数泡沫灭火系统的服务范围小,主要用在大范围内的局部封闭空间与大范围内的局部设置有阻止泡沫流失的围挡设施的场所。例如,需要特殊保护某一个大厂房内的火灾危险性较高的试验间、高层建筑下层的汽车库和地下仓库等场所及有限的易燃液体的流淌火灾、油罐防护堤、矿井以及沟槽内的火灾等。

3)移动式高倍数泡沫灭火系统。该系统的灭火原理相同于全淹没式和局部应用式,只是设备可以移动。因为它也是"淹没方式"扑灭火灾,所以要求火灾场所应设置固定的或临时的由不燃或难燃材料组成的防止泡沫流失的围挡措施。该系统可以用作固定式灭火系统的补充设施。

系统组成通常包括手提式泡沫发生器或车载式泡沫发生器、泡沫液桶、比例混合器、水带、导泡筒、分水器、水罐消防车或手抬机动泵等。

下列场所可选择该系统:

①发生火灾的部位很难确定或人员难以接近的火灾场所。

②流淌的 B 类火灾场所。

③发生火灾时需要排烟、降温或排除有毒气体的封闭空间。

(3)中倍数泡沫灭火系统。中倍数泡沫灭火系统通常有局部应用式与移动式两种形式。

该系统的灭火原理、扑救对象及使用场所基本与高倍数泡沫灭火系统相同。凡高倍数泡沫灭火系统不适用的场所,中倍数泡沫灭火系统通常也不能适用,但它能扑救立式钢制储油罐内火灾。

高倍数泡沫灭火系统不适用于下列物质的火灾扑救:

1)硝化纤维、炸药等在无空气的环境条件中仍能迅速氧化的化学物质与强氧化剂。

2)钾、钠、镁、钛和五氧化二磷等活泼金属和化学物质。

3)非封闭式的带电设备。

4)立式油罐内的火灾。

9 火灾自动报警系统

9.1 火灾自动报警系统定义和组成

9.1.1 火灾自动报警系统定义

火灾自动报警系统是为了早期发现和通报火灾,并及时采取有效措施,控制和扑灭火灾,而在建筑物中或其他场所设置的一种自动消防设施,它是依据主动防火对策,以被监测的各类建筑物为警戒对象,通过自动化手段实现早期火灾探测、火灾自动报警和消防设备联动控制。它完成了对火灾的预防和控制功能,是现代消防不可缺少的安全技术设施之一。

9.1.2 火灾自动报警系统组成

火灾自动报警系统一般由触发器件、火灾报警装置、火灾警报装置以及其他具有辅助功能的装置组成。它可以在火灾初期,将燃烧产生的烟雾、热量和光辐射等物理量,通过感温、感烟和感光等火灾探测器接收到的信号转变成电信号输入火灾报警控制器,而报警控制器则立即以声、光信号向人发出警报,同时指示火灾发生的部位,并记录下火灾发生的时间;除此之外火灾自动报警系统还可以与自动喷水灭火系统、室内消火栓系统、防烟排烟系统、通风系统、空调系统,以及防火门、防火卷帘、挡烟垂壁等防火分隔系统设备联动,自动或手动发出指令,启动相应的灭火装置。

火灾自动报警系统组成,如图 9.1 所示。

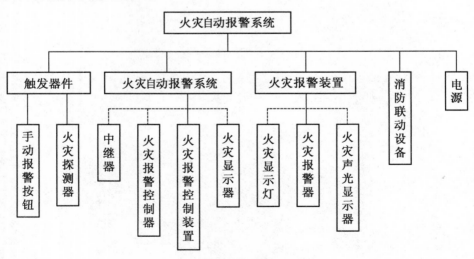

图 9.1 火灾自动报警系统组成

1. 触发器件

在火灾自动报警系统中,触发器件就是自动或手动产生火灾报警信号的器件,它主要包括火灾探测器和手动报警按钮。火灾探测器是能对火灾参数(如烟、温、光、火焰辐射、气体浓度等)响应,并自动产生火灾报警信号的器件。根据响应火灾参数的不同,火灾探测器分成感温火灾探测器、感烟火灾探测器、感光火灾探测器、可燃气体探测器和复合火灾探测器五种基本类型。不同类型的火灾探测器适用于不同类型的火灾及不同的场所。手动火灾报警按钮是以手动方式产生火灾报警信号、启动火灾自动报警系统的器件,也是火灾自动报警系统中不可缺少的组成部分之一。

2. 火灾报警装置

在火灾自动报警系统中,用以接收、显示和传递火灾报警信号,并能发出控制信号和具有其他辅助功能的控制指示设备称为火灾报警装置。火灾报警控制器就是其中最基本的一种。

火灾报警控制器负责为火灾探测器提供稳定的工作电源;监视探测器及系统自身的工作状态;接受、转换、处理火灾探测器输出的报警信号;进行声光报警;显示报警的具体部位及时间;同时执行相应辅助控制等任务,是组成火灾报警系统中的核心部分。

3. 火灾警报装置

在火灾自动报警系统中,用以发出区别于环境声、光的火灾警报信号的装置称为火灾警报装置。火灾警报器就是一种最基本的火灾警报装置,一般与火灾报警控制器(如区域显示器火灾显示盘、集中火灾报警控制器)组合在一起,它以声、光音响方式向报警区域发出火灾警报信号,以警示人们采取安全疏散、灭火扑救措施。

警铃也是一种火灾警报装置,是用于将火灾报警信息进行声音中继的一种电气设备,警铃一般安装在建筑物的公共空间部分,如走廊、大厅等。

4. 消防控制设备

在火灾自动报警系统中,当接收到来自触发器件的火灾报警后,能自动或手动启动相关消防设备开关显示其状态的设备,称为消防控制设备。主要由火灾报警控制器,自动灭火系统的控制装置,室内消火栓系统的控制装置,防烟排烟系统及空调通风系统的控制装置,常开防火门、防火卷帘的控制装置,电梯回降控制装置,以及火灾应急广播、火灾警报装置,消防通信设备、火灾应急照明与疏散指示标志的控制装置十类控制装置中的部分或全部组成。消防控制设备通常设置在消防控制中心,以便于实行集中统一控制。有的消防控制设备也会设置在被控消防设备所在现场,但其动作信号则必须返回消防控制室,实行集中与分散相结合的控制方式。

5. 电源

火灾自动报警系统属于消防电气设备,其主电源应使用消防电源,备用电源采用蓄电池。系统电源除为火灾报警控制器供电外,还为其他与系统相关的消防控制设备等供电。

9.2　火灾自动报警系统分类

根据建筑的规模大小和重点防火部位的数量多少火灾自动报警系统应分别采用区域火灾报警系统、集中火灾报警系统和控制中心火灾报警系统。

大型建筑物的火灾自动报警系统,可分为三级或四级,即"火灾探测器—区域报警器—

集中报警器—消防控制中心"。但在实施过程中可根据不同建筑工程的实际设计做出适当的选择。

1. 区域报警系统

区域报警系统由区域报警控制器和火灾探测器组成,如图9.2所示。

一个报警区域应设置1台区域报警控制器。而系统中区域报警控制器不应超过3台。这是由于没有设置集中报警控制器的区域报警系统中,如果火灾报警区域过多又分散时,不便于监控和管理。

当用1台区域报警控制器警戒数个楼层时,应在每层各楼梯口明显部位安装识别楼层的灯光显示装置,以便发生火灾时能很快找到着火楼层。

若区域报警控制器安装在墙上时,其底边距地面的高度不应小于1.5 m;靠近其门轴的侧面与墙的距离不应小于0.5 m;正面操作距离不应小于1.2 m,便于开门检修和操作。而区域报警控制器的容量则不应小于报警区域内的探测区域总数。

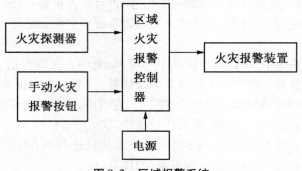

图9.2　区域报警系统

2. 集中报警系统

集中报警系统是由集中火灾报警控制器、区域报警控制器和火灾探测器组成的火灾自动报警系统,如图9.3所示。此系统中应该设一台集中火灾报警控制器及两台以上区域报警控制器。集中火灾报警控制器须从后面检修,安装时其后面的板与墙的距离不应小于1 m,当其一侧靠墙安装时,另一侧与墙的距离不应小于集中报警器的正面操作距离:当设备单列布置时不应小于1.5 m,双列布置时不应小于2 m,在值班人员经常工作的一面,控制盘距墙不应小于3 m。集中报警控制器应设在有人值班的专用房间或消防值班室内。集中报警控制器的容量不应小于保护范围内探测区域总数。

集中报警控制器不与探测器直接发生联系,它只将区域报警控制器送来的火警信号以声光形式显示出来,并记录火灾发生时间,将火灾发生时间、区域、性质打印出来,同时自动接通专用电话进行核查,并向消防部门报告。自动接通事故广播,指挥人员疏散和扑救。

3. 控制中心报警系统

如图9.4所示,控制中心报警系统由设置在消防控制室的消防控制设备、集中报警控制器、区域报警控制器和火灾探测器组成。

系统中应至少有一台集中报警控制器以及必要的消防控制设备。而设置在消防控制室以外的集中报警控制器,均应将火灾报警信号和消防联动控制信号送至消防控制室。

控制中心报警系统适用于建筑规模大、需要集中管理的群体建筑或超高层建筑。其特点是:

（1）系统能显示各消防控制室的总状态信号并负责总体灭火扑救工作的联络与调度。

（2）系统一般采用二级管理制度。

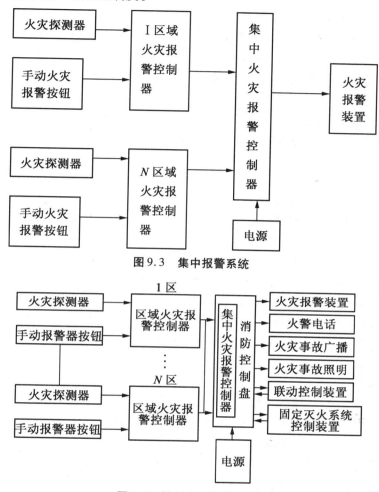

图9.3　集中报警系统

图9.4　控制中心报警系统

9.3　火灾探测器

9.3.1　火灾探测器的类型

火灾探测器在火灾报警系统中的地位非常重要，它是整个系统中最早发现火情的设备。其种类多、科技含量高。常用的主要参数有额定工作电压、允许压差、监视电流、报警电流、灵敏度、保护半径和工作环境等。

火灾探测器通常由敏感元件（传感器）、探测信号处理单元和判断及指示电路等组成。其可以从结构造型、火灾参数、使用环境、动作时刻、安装方式等几个方面进行分类。

1. 按结构造型分类

按照火灾探测器结构造型特点分类，可以分为线型探测器和点型探测器两种。

（1）线型探测器。

线型探测器是一种响应连续线路周围的火灾参数的探测器。"连续线路"可以是"硬"线路，也可以是"软"线路。所谓硬线路是由一条细长的铜管或不锈钢管做成，如差动气管式感温探测器和热敏电缆感温探测器等。软线路是由发送和接收的红外线光束形成的，如投射光束的感烟探测器等。这种探测器当通向受光器的光路被烟遮蔽或干扰时产生报警信号。因此在光路上要时刻保持无挡光的障碍物存在。

（2）点型探测器。

点型探测器是探测元件集中在一个特定位置上，探测该位置周围火灾情况的装置，或者说是一种响应某点周围火灾参数的装置。点型探测器广泛应用于住宅、办公楼、旅馆等建筑的探测器。

2. 按火灾参数分类

根据火灾探测方法和原理，火灾探测器通常可分为5类，即感烟式、感温式、感光式、可燃气体探测式和复合式火灾探测器。每一类型又按其工作原理分为若干种类型，见表9.1。

（1）感烟探测器。

用于探测物质初期燃烧所产生的气溶胶或烟粒子浓度。可分为点型探测器和线型探测器2种。点型感烟探测器可分为离子感烟探测器、光电感烟探测器、电容式感烟探测器与半导体式感烟探测器，民用建筑中大多数场所采用点型感烟探测器。线型探测器包括红外光束感烟探测器和激光型感烟探测器，线型感烟探测器由发光器和接收器2部分组成，中间为光束区。当有烟雾进入光束区时，探测器接收的光束衰减，从而发出报警信号，主要用于无遮挡大空间或有特殊要求的场所。

（2）感温探测器。

感温火灾探测器对异常温度、温升速率和温差等火灾信号予以响应，可分为点型和线型2类。点型感温探测器又称为定点型探测器，其外形与感烟式类似，它有定温、差温和差定温复合式3种；按其构造又可分为机械定温、机械差温、机械差定温、电子定温、电子差温及电子差定温等。缆式线型定温探测器适用于电缆隧道、电缆竖井、电缆夹层、电缆桥架、配电装置、开关设备、变压器、各种皮带输送装置、控制室和计算机室的闷顶内、地板下及重要设施的隐蔽处等。空气管式线型差温探测器用于可能产生油类火灾且环境恶劣的场所，不宜安装点型探测器的夹层、闷顶。

表9.1　火灾探测器分类

序号	名称及种类			
1	感烟探测器	光电感烟型	点型	散射型
				逆光型
			线型	红外束型
				激光型
		离子感烟型	点型	

续表9.1

序号	名称及种类			
2	感温探测器	点型	差温 定温 差定温	双金属型
				膜盒型
				易熔金属型
				半导体型
		线型	差温 定温	管型
				电缆型
				半导体型
3	感光火灾探测器	紫外光型		
		红外光型		
4	可燃性气体探测器	催化型 半导体型		

（3）感光火灾探测器。

感光火灾探测器又称为火焰探测器，主要对火焰辐射出的红外、紫外、可见光予以响应，常用的有红外火焰型和紫外火焰型两种。按火灾的发生规律，发光是在烟的生成及高温之后，因而它属于火灾晚期探测器，但对于易燃、易爆物有特殊的作用。紫外线探测器对火焰发出的紫外光产生反应；红外线探测器对火焰发出的红外光产生反应，而对灯光、太阳光、闪电、烟雾和热量均不反应，其规格为监视角。

（4）可燃气体探测器。

可燃气体探测器利用对可燃气体敏感的元件来探测可燃气体浓度，当可燃气体浓度达到危险值（超过限度）时报警。主要用于易燃、易爆场所中探测可燃气体（粉尘）的浓度，一般整定在爆炸浓度下限的1/6~1/4时动作报警。适用于宾馆厨房或燃料气储备间、汽车库、压气机站、过滤车间、溶剂库、燃油电厂等有可燃气体的场所。

（5）复合火灾探测器。

复合火灾探测器可以响应两种或两种以上火灾参数，主要有感温感烟型、感光感烟型和感光感烟型等。

3. 按使用环境分类

按使用场所、环境的不同，火灾探测器可分为陆用型（无腐蚀性气体，温度在 -10 ~ +50 ℃，相对湿度85%以下）、船用型（高温50 ℃以上，高湿90% ~100% 相对湿度）、耐寒型（40 ℃以下的场所，或平均气温低于 -10 ℃的地区）、耐酸碱型、耐爆型等。

（1）按安装方式分类：有外露型和埋入型（隐蔽型）两种探测器。后者用于特殊装饰的建筑中。

（2）按动作时刻分类：有延时与非延时动作的两种探测器。延时动作便于人员疏散。

（3）按操作后能否复位分类：

1）可复位火灾探测器。在产生火灾报警信号的条件不再存在的情况下，不需更换组件即可从报警状态恢复到监视状态。

2）不可复位火灾探测器。在产生火灾报警信号的条件不再存在的情况下，需更换组件才能从报警状态恢复到监视状态。

（4）根据其维修保养时是否可拆卸,可分为可拆式和不可拆式火灾探测器。

9.3.2　火灾探测器的型号

1. 型号标注

火灾报警产品都是按照国家标准编制命名的。国标型号均是按汉语拼音字头的大写字母组合而成,从名称就可以看出产品类型与特征。

火灾探测器的型号意义如下所示:

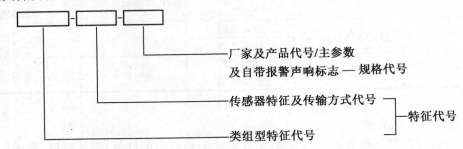

2. 类型特征表示法

（1）J（警）——消防产品中火灾报警设备分类代号。

（2）T（探）——火灾探测器代号。

（3）各种类型火灾探测器的具体表示方法见表9.2。

表9.2　火灾探测器分类代号

代号	探测器类型	代号	探测器类型
Y（烟）	感烟火灾探测器	T（图）	图像摄像方式火灾探测器
W（温）	感温火灾探测器	S（声）	感声火灾探测器
G（光）	感光火灾探测器	F（复）	复合式火灾探测器
Q（气）	气体敏感火灾探测器		

（4）应用范围特征代号表示方法。

火灾探测器的应用范围特征是指火灾探测器的适用场所,适用于爆炸危险场所的为防爆型,否则为非防爆型;适用于船上使用的为船用型,适合于陆上使用的为陆用型。其具体表示方式是:

B（爆）——防爆型（型号中无"B"代号即为非防爆型,其名称亦无须指出"非防爆型"）。

C（船）——船用型（型号中无"C"代号即为陆用型,其名称中亦无须指出"陆用型"）。

3. 传感器特征表示法

（1）感烟火灾探测器传感器特征表示法:L（离）——离子;G（光）——光电;H（红）——红外光束。

对于吸气型感烟火灾探测器传感器特征表示法:LX——吸气型离子感烟火灾探测器;GX——吸气型光电感烟火灾探测器。

例如,JTY – LH – XXYY 表示 XX 厂生产的编码、非编码混合式、离子感烟火灾探测器,产品序列号为 YY。

（2）感温火灾探测器传感器特征表示法：感温火灾探测器的传感器特征由两个字母表示，前一个字母为敏感元件特征代号，后一个字母为敏感方式特征代号。

感温火灾探测器敏感元件特征代号表示法：M（膜）——膜盒；S（双）——双金属；Q（球）——玻璃球；G（管）——空气管；L（缆）——热敏电缆；O（偶）——热电偶，热电堆；B（半）——半导体；Y（银）——水银接点；Z（阻）——热敏电阻；R（熔）——易溶材料；X（纤）——光纤。

感温火灾探测器敏感方式特征代号表示法：D（定）——定温；C（差）——差温；O——差定温。

例如，JTW－ZCW－XXYY 表示 XX 厂生产的无线传输式、热敏电阻式、差温火灾探测器，产品序列号为 YY。

（3）感光火灾探测器传感器特征表示法：Z（紫）——紫外；H（红）——红外；U——多波段。

例如，JTG－ZF－XXYY/Ⅰ表示 XX 厂生产的非编码、紫外火焰探测器、灵敏度级别为Ⅰ级，产品序列号为 YY。

（4）气体敏感火灾探测器传感器特征表示法：B（半）——气敏半导体；C（催）——催化。

例如，JTQ－BF－XXYYY/aB 表示 XX 厂生产的非编码、自带报警声响、气敏半导体式火灾探测器，主参数为 a，产品序列号为 YYY。

（5）复合式火灾探测器传感器特征表示法：复合式火灾探测器是对两种或两种以上火灾参数响应的火灾探测器。复合式火灾探测器的传感器特征用组合在一起的火灾探测器类型分组代号或传感器特征代号表示。列出传感器特征的火灾探测器用其传感器特征表示，其他用火灾探测器类型分组代号表示，感温火灾探测器用其敏感方式特征代号表示。

例如，JTF－GOM－XXYY/Ⅱ表示 XX 厂生产的编码、光电感烟与差定温复合式火灾探测器，灵敏度级别为Ⅱ级，产品序列号为 YY。

9.3.3　感烟火灾探测器

1.离子式感烟火灾探测器

（1）探测器的组成。

离子感烟探测器是对能影响探测器内电离电流的燃烧物质所敏感的火灾探测器。即当烟参数影响电离电流并减少至设定值时，探测器动作，从而输出火灾报警信号。

离子感烟探测器是利用放射源——同位素 241Am（镅241），根据电离原理将一个可进烟的气流式采样电离室和一个封闭式参考电离室相串联，并与模拟放大电路和电子开关电路等组合而成。

离子感烟探离室 KM 及电子线路或编码线路构成，如图 9.5 所示。在串联两个电离室两端直接接入 24 V 直流电源。两个电离室形成一个分压器，两个电离室电压之和为 24 V。外电离室是开孔的，烟可顺利通过；内电离室是封闭的，不能进烟，但能与周围环境缓慢相通，以补偿外电离室环境的变化对其工作状态发生的影响。

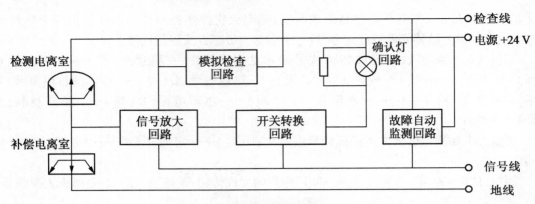

图 9.5　离子感烟探测器方框图

（2）探测器的工作原理。

当火灾发生时,烟雾进入采样电离室后,正、负离子会附着在烟颗粒上,由于烟粒子的质量远大于正、负离子的质量,所以正、负离子的定向运动速度减慢,电离电流减小,其等效电阻增加;而参考电离室内无烟雾进入,其等效电阻保持不变。这样就引起了两个串联电离室的分压比改变,其伏安特性曲线变化规律如图 9.6 所示,采样电离室的伏安特将由曲线①变为曲线②,参考电离室的伏安特性曲线③保持不变。如果电离电流从正常监视电流 I_1,减小到火灾检测电流 I_2,则采样电离室端电压从 V_1 增加到 V_2,即采样电离室的电压增量为: $\triangle V = V_2 - V_1$。

当采样电离室电压增量 $\triangle V$ 达到预定报警值时,即 O 点的电位达到规定的电平时,通过模拟信号放大及阻抗变换器①使双稳态触发器②翻转,即由截止状态进入饱和导通状态,产生报警电流 I_A 推动底座上的驱动电路③。再通过驱动电路③使底座上的报警确认灯④发光报警,并向其报警控制器发出报警信号。在探测器发出报警信号时,报警电流一般不超过100 mA。另外采取了瞬时探测器工作电压的方式,以使火灾后仍然处于报警状态的双稳态触发器②恢复到截止状态,达到探测器复位的目的。

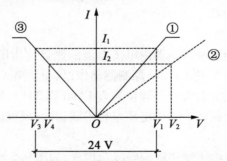

图 9.6　参考电离室与采样电离室串联伏 - 安特性曲线表

通过调节灵敏度调节电路⑤即可改变探测器的灵敏度。一般在产品出厂时,探测器的灵敏度已整定,在现场不得随意调节。

2. 光电感烟火灾探测器

（1）散射型感烟探测器。

散射型光电感烟探测器主要由光源、光接收器 A 与 B 以及电子线路(包括直流放大器和比较器、双稳态触发器等线路)等组成。将光源(或称发光器)和光接收器在同一个可进烟但能阻止外部光线射入的暗箱之中。当被探测现场无烟雾(即正常)时,光源发出的光线全部被光接收器 A 所接收,而光接收器 B 接收的光信号为零,这时探测器无火灾信号输出。当被探测现场有烟雾(即火灾)时,烟雾便进入暗箱。这时,烟颗粒使一些光线散射而改变方向,其中有一部分光线入射到光接收器 B,并转变为相应的电信号;同时入射到光接收器 A 的光线减少,其转变为相应的电信号减弱。当 A、B 转变的电信号增量达到某一阈值时,经电子电路进行放大、比较,并使双稳电路状态翻转,即送出火警信号。

红外散射型光电感烟探测器的可靠性高,误报率小,其工作原理如图 9.7 所示。E 为红外发射管,R 为红外光敏管(接收器),二者共装在同一可进烟的暗室中,并用一块黑框遮隔开。在正常监视状态下,E 发射出一束红外光线,但由于有黑框遮隔,光线并不能入射到红外光敏管 R 上,故放大器无信号输出。当有烟雾进入探测器暗室时,红外光线遇到烟颗粒 S 而产生散射效应。在散射光线中,有些光线被红外光敏二极管接收,并产生脉冲电流,经放大器放大和鉴别电路比较后,输出开关信号,使开关电路(晶闸管)动作,发出报警信号,同时其报警确认灯点亮。

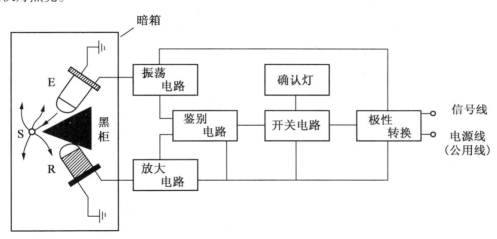

图 9.7 红外散射型光电感烟探测器工作原理

(2)遮光型感烟探测器。

1)点型遮光探测器:其结构原理如图 9.8 所示。它的主要部件也是由一对发光及受光元件组成。发光元件发出的光直接射到受光元件上,产生光敏电流,维持正常监视状态。当烟粒子进入烟室后,烟雾粒子对光源发出的光产生吸收和散射作用,使到达受光元件的光通量减小,从而使受光元件上产生的光电流降低。一旦光电流减小到规定的动作阈值时,经放大电路输出报警信号。

2)线型遮光探测器:其原理与点型遮光探测器相似,仅在结构上有所区别。线型遮光探测器的结构原理,如图 9.9 所示。点型探测器中的发光及受光元件组合成一体,而线型探测器中,光束发射器和接收器分别为 2 个独立部分,不再设有光敏室,作为测量区的光路暴露在被保护的空间,并加长了许多倍。发射元件内装核辐射源及附件,而接受元件装有光电接受器及附件。按其辐射源的不同,线型遮光探测器可分成激光型及红外束型 2 种。

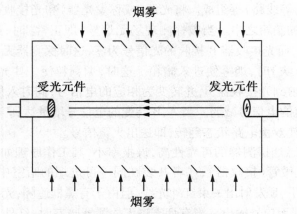

图 9.8　点型遮光探测器的结构原理

　　如图 9.10 所示为激光型光电感烟探测器的结构原理示意图。它是应用烟雾粒子吸收激光光束原理制成的线型感烟火灾探测器。发射机中的激光发射器在脉冲电源的激发下,发出一束脉冲激光,投射到接受器中光电接受器上,转变成电信号经放大后变为直流电平,它的大小反映了激光束辐射通量的大小。在正常情况下,控制警报器不发出警报。有烟时,激光束经过的通道中被烟雾粒子遮挡而减弱,光电接受器接受的激光束减弱,电信号减弱,直流电平下降。当下降到动作阈值时,报警器输出报警信号。

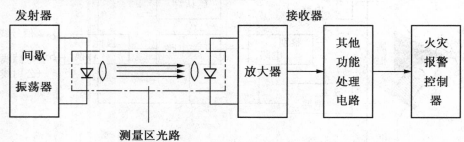

图 9.9　线型遮光探测器的结构原理

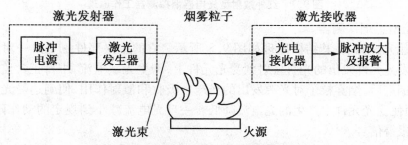

图 9.10　激光型光电感烟探测器的结构原理

　　线型红外光束光电感烟探测器的基本结构与激光型光电感烟探测器的结构类似,也是由光源(发射器)、光线照准装置(光学系统)和接收器 3 部分组成。它是应用烟雾粒子吸收或散射红外光束而工作的,一般用于高榫架、大空间等大面积开阔地区。

　　发射器通过测量区向接收器提供足够的红外光束能量,采用间歇发射红外光,类似于光电感烟探测器中的脉冲发射方式,通常发射脉冲宽度 13 μs,周期为 8 ms。由间歇振荡器和红外发光管完成发射功能。

光线照准装置采用2块口径和焦距相同的双凸透镜分别作为发射透镜和接收透镜。红外发光管和接收硅光电二极管分别置于发射与接收端的焦点上,使测量区为基本平行光线的光路,并便于进行调整。

接收器由硅光电二极管作为探测光电转换元件,接收发射器发来的红外光信号,把光信号转换为电信号后进行放大处理,输出报警信号。接收器中还设有防误报、检查及故障报警等环节,以提高整个系统的可靠性。

9.3.4 感温火灾探测器

感温探测器是响应异常温度、温升速率和温差等参数的火灾探测器,其种类较多,按其原理可分为定温探测器、差温探测器和差定温探测器三种形式。

1. 定温探测器

(1)双金属片定温探测器。

双金属片定温探测器主要由吸热罩、双金属片及低熔点合金和电气接点等组成。双金属片是两种膨胀系数不同的金属片以及低熔点合金作为热敏感元件。在吸热罩的中部与特种螺钉用低熔点合金相焊接,特种螺钉又与顶杆相连接,其结构如图9.11所示。

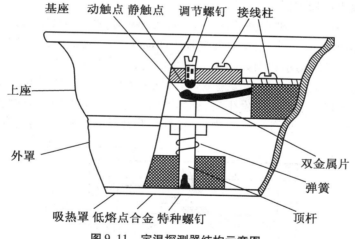

图9.11 定温探测器结构示意图

如被监控现场发生火灾时,随着环境温度的升高,热敏元件双金属片渐渐向上弯曲;同时,当温度高至标定温度(70~90 ℃)时,低熔点合金也熔化落下,释放螺钉,于是顶杆借助于弹簧的弹力,助推双金属片接通动、静触点,送出火警信号。

(2)缆式线型定温探测器。

1)普通缆式线型感温探测器:普通缆式线型感温探测器由两根相互扭绞的外包热敏绝缘材料的钢丝,塑料包带和塑料外护套等组成,其外形与一般导线相同。在正常时,两根钢丝之间的热敏绝缘材料相互绝缘,但被保护现场的缆线、设备等由于短路或过载而使线路中的某部分温度升高,并达到缆式线型感温探测器的动作温度后,在温升地点的两根导线间的热敏绝缘材料的阻抗值降低,即使两根钢丝间发生阻值变化的信号,经与其连接的监视器把模块(也称作输入模块)转变成相应的数字信号,通过二总线传送给报警控制器,发出报警信号。

2）模拟缆式线型感温探测器：模拟缆式线型感温探测器有四根导线，在电缆外面有特殊的高温度系数的绝缘材料，并接成两个探测回路。当温度升高并达到动作温度时，其探测回路的等效电阻减小，发出火警信号。

缆式线型感温探测器适用于电缆沟内、电缆桥架、电缆竖井、电缆隧道等处对电缆进行火警监测，也可用于控制室、计算机房地板下、电力变压器、开关设备、生产流水线等处。电缆支架、电缆桥架上敷设缆式线型感温探测器（也称作热敏电缆）的长度可按下式计算：

$$L = xk \qquad\qquad （公式9.1）$$

式中　L——缆式线型感温探测器长度（m）；

　　　x——电缆桥架、电缆支架等长度（m）；

　　　k——附加长度系数，这种缆式线型感温探测器一般以 S 型敷设在电缆的上方，用专用卡具固定即可。

2. 差温探测器

差温探测器是随着室内温度升高的速率达到预定值（差温）时响应的火灾探测器。按其原理分为膜盒差温火灾探测器、空气管线型差温火灾探测器、热电偶式线型差温火灾探测器等形式。

（1）膜盒差温火灾探测器。

膜盒式差温探测器是一种点型差温探测器，当环境温度达到规定的升温速率以上时动作。它以膜盒为温度敏感元件，根据局部热效应而动作。这种探测器主要由感热室、膜片、泄漏孔及触点等构成，其结构示意图如图 9.12 所示。感热外罩与底座形成密闭气室，有一小孔（泄漏孔）与大气连通。当环境温度缓慢变化时，气室内外的空气对流由小孔进出，使内外压力保持平衡，膜片保持不变。火灾发生时，感热室内的空气随着周围的温度急剧上升、迅速膨胀而来不及从泄漏孔外逸，致使感热室内气压增高，膜片受压使触点闭合，发出报警信号。

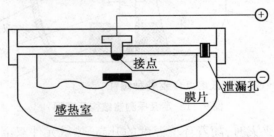

图 9.12　膜盒差温火灾探测器结构示意图

（2）空气管线型差温火灾探测器。

空气管线型差温火灾探测器是一种线型（分布式）差温探测器。当较大控制范围内温度达到或超出所规定的某一升温速率时即动作。它根据广泛的热效应而动作。这种探测器主要由空气管、膜片、泄漏孔、检测器及触点等构成，其结构示意图如图 9.13 所示。其工作原理是：当环境升温速率达到或超出所规定的某一升温速率时，空气管内气体迅速膨胀传入探测器的膜片，产生高于环境的气压，从而使触点闭合，将升温速率信号转变为电信号输出，达到报警的目的。

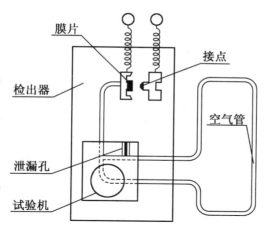

图 9.13 空气管线型差温火灾探测器结构示意图

（3）热电偶式线型差温火灾探测器。

其工作原理是利用热电偶遇热后产生温差电动势，从而有温差电流，经放大传输给报警器。其结构示意图如图 9.14 所示。

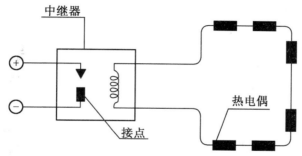

图 9.14 线型差温火灾探测器

3．差定温探测器

差定温探测器是将差温式和定温式两种探测元件组合在一起的差定温组合式探测器，并同时兼有两种火灾报警功能（其中某一功能失效，另一功能仍起作用），以提高火灾报警的可靠性。

（1）机械师差定温探测器。

差温探测部件与膜盒式差温探测器基本相同，但其定温部件又分为双金属片式与易熔合金式 2 种。差定温探测器属于膜盒－易熔合金式差定温探测器。弹簧片的一端用低熔点合金焊在外罩内侧，当环境温度升到预定值时，合金熔化弹簧片弹回，压迫固定在波纹片上的弹性接触点（动触点）上移与固定触点接触，接通电源发出报警信号。

（2）电子式差定温探测器。

以 JWDC 型差定温探测器为例，如图 9.15 所示。它共有 3 只热敏电阻（R_1，R_2，R_5），其阻值随温度上升而下降。R_1 及 R_2 为差温部分的感温元件，二者阻值相同，特性相似，但位置不同。R_1 布置于铜外壳上，对环境温度变化较敏感；R_2 位于特制金属罩内，对外境温度变化不敏感。当环境温度变化缓慢时，R_1 与 R_2 阻值相近，三极管 BG_1 截止；当发生火灾时，R_1 直接受热，电阻值迅速变小，而 R_2 响应迟缓，电阻值下降较小，使 A 点电位降低；当低到预定值

时 BG_1 导通,随之 BG_3 导通输出低电平,发出报警信号。

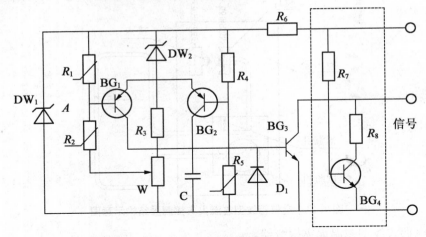

图 9.15　电子式差定温探测器电气工作原理

　　定温部分由 BG_2 和 R_5 组成。当温度上升到预定值时,R_5 阻值降到动作阈值,使 BG_2 导通,随之 BG_3 导通而报警。

　　图中虚线部分为断线自动监控部分。正常时 BG_4 处于导通状态。如探测器的 3 根外引线中任——根断线,BG_4 立即截止,向报警器发出断线故障信号。此断线监控部分仅在终端探测器上设置即可,其他并联探测器均可不设。这样,其他并联探测器仍处于正常监控状态及火灾报警信号处于优先地位。

9.3.5　可燃气体探测器

　　可燃气体探测器利用对可燃气体敏感的元件来探测可燃气体浓度,当可燃气体浓度达到危险值(超过限度)时报警。在火灾事例中,常有因可燃性气体,粉尘及纤维过量而引起爆炸起火的。因此,对一些可能产生可燃性气体或蒸气爆炸混合物的场所,应设置可燃性气体探测器,以便对其监测。可燃性气体探测器有催化型及半导体型 2 种。

　　1. 催化型可燃性气体探测器

　　可燃性气体检测报警器是由可燃性气体探测器和报警器 2 部分组成的。探测器利用难熔的铂丝加热后的电阻变化来测定可燃性气体浓度。它由检测元件、补偿元件及 2 个精密线绕电阻组成的 1 个不平衡电桥。检测元件和补偿元件是对称的热线型载体催化元件(即铂丝)。检测元件与大气相通,补偿元件则是密封的,当空气中无可燃性气体时,电桥平衡,探测器输出为 0。当空气中含有可燃性气体并扩散到检测元件上时,由于催化作用产生无焰燃烧,铂丝温度上升,电阻增大,电桥产生不平衡电流而输出电信号。输出电信号的大小与可燃性气体浓度成正比。当用标准气样对此电路中的指示仪表进行测定,即可测得可燃性气体的浓度值。一般取爆炸下限为 100%,报警点设定在爆炸浓度下限的 25% 处。这种探测器不可用在含有硅酮和铅的气体中,为延长检测元件的寿命,在气体进入处装有过滤器。

　　2. 半导体型可燃气体探测器

　　该探测器采用灵敏度较高的气敏元件制成。对探测氢气、一氧化碳、甲烷、乙醚、乙醇、天然气等可燃性气体很灵敏。QN,QM 系列气敏元件是以二氧化锡材料掺入适量有用杂质,在高温下烧结成的多晶体。这种材料在一定温度下(250~300 ℃),遇到可燃性气体时,电阻减小;其阻值下降幅度随着可燃性气体的浓度而变化。根据材料的这一特性可将可燃性气体浓度的大小转换成电信号,再配以适当电路,就可对可燃性气体浓度进行监测和报警。

除了上述火灾探测器外,还有一种图像监控式火灾探测器。这种探测器采用电荷耦合器件(CCD)摄像机,将一定区域的热场和图像清晰度信号记录下来,经过计算机分析、判别和处理,确定是否发生火灾。如果判定发生了火灾,还可进一步确定发生火灾的地点、火灾程度等。

9.3.6　感光火灾探测器

感光火焰探测器是一种对火焰中特定波段中的电磁辐射(红外光、可见光和紫外光等)做出敏感响应的火灾探测装置,又称为火焰探测器。按检测火灾光源的性质分类,有红外感光探测器和紫外感光探测器两种。

1. 红外感光探测器

红外感光探测器是利用火焰的红外辐射和闪灼效应进行火灾探测。由于红外光谱的波长较长,烟雾粒子对其吸收和衰减远比波长较短的紫外光及可见光弱。因此,在大量烟雾的火场,即使距火焰一定距离仍可使红外光敏元件响应,具有响应时间短的特点。此外,借助于仿智逻辑进行的智能信号处理,能确保探测器的可靠性,不受辐射及阳光照射的影响,因此,这种探测器误报少,抗干扰能力强,电路工作可靠,通用性强。

红外感光探测器的结构示意图,如图 9.16 所示。在红玻璃片后塑料支架中心处固定着红外光敏元件硫化铅(PbS),在硫化铅前窗口处加可见光滤片——锗片,鉴别放大和输出电路在探头后部印刷电路板上。

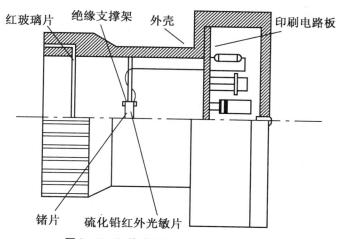

图 9.16　红外感光探测器的结构示意图

由于红外感光火灾探测器具有响应快的特点,因而它通常用于监视易燃区域的火灾发生,特别适用于没有熏燃阶段的燃料(如醇类、汽油等易燃气体仓库等)火灾的早期报警。

2. 紫外感光探测器

紫外感光火灾探测器就是利用火焰产生的强烈紫外辐射光来探测火灾的。当有机化合物燃烧时,其氢氧根在氧化反应中会辐射出强烈的紫外光。

紫外感光火灾探测器由紫外光敏管、透紫石英玻璃窗、紫外线试验灯、光学遮护板、反光环、电子电路及防爆外壳等组成,如图9.17所示。

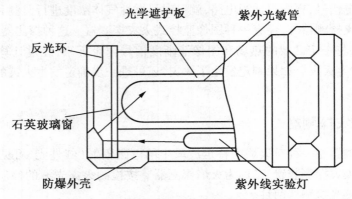

图 9.17　紫外感光火灾探测器结构示意图

紫外感光火灾探测器的敏感元件是紫外光敏管。紫外光敏管是一种火焰紫外线部分特别灵敏气体放电管,它相当于一个光电开关。紫外光敏管结构如图9.18所示,紫外光敏管由两根弯曲一定形状的、且相互靠近的钼(M_o)或铂(P_t)丝作为电极,放入充满氦(He 元素,无色无臭,不易与其他元素化合,很轻)、氢等气体的密封玻璃管中制成的,平时虽然输入端加某一交流电压,但紫外光敏管并不导通,故三极管 T_1 截止,T_2 处于饱和导通状态,无火警信号输出。但当火灾发生时,由于不可见的紫外线辐射到钼或铂丝电极上,电极便发射电子,并在两电极间的电场中加速。这样被加速的电子在与玻璃管内的氦、氢气体分子碰撞时,使氦、氢电离,从而使两个钼丝或铂丝间导电,经过二极管 D 和电容器 C 进行半波整流滤波,A 点电位升高,使施密特触发器翻转,T_1 由截止变为饱和导通,T_2 则由饱和导通转为截止,即送出报警信号。

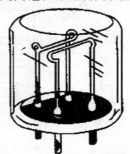

图 9.18　紫外光敏管结构示意图

由于火焰中含有大量的紫外辐射,当紫外火焰探测器中的紫外光敏管接收到波长为185～245 nm 的紫外辐射时,光子能量激发金属内的自由电子,使电子逸出金属表面,在极间电场的作用下,电子加速向阳极运动。电子在高速运动的途中,撞击管内气体分子,使气体分子变成离子,这些带电的离子在电场的作用下,向电极高速运动,又能撞击更多的气体分子,引起更多的气体分子电离,直至管内形成雪崩放电,使紫外光敏管内阻变小,因而电流增加,使电子开关导通,形成输出脉冲信号前沿;由于电子开关导通,将把紫外光敏管的工作电压降低。当此电压低于起动电压时,紫外光敏管停止放电,使电流减少,从而使电子开关断开,形成输出脉冲信号的后沿。此后,电源电压通过 RC 电路充电,使紫外光敏管的工作电压升高,当达到或超过起动电压时,又重复上述过程。于是在极短的时间内,造成"雪崩"式的放电过程,从而使紫外光敏管由截止状态变成导通状态,驱动电路发出报警信号。

一般紫外光敏管只对 1 900~2 900 A 的紫外光起感应。因此,它能有效地探测出火焰而又不受可见光和红外辐射的影响。太阳光中虽然存在强烈的紫外光辐射,但是由于在透过大气层时,被大气中的臭氧层大量吸收,到达地面的紫外光能量很低。而其他的新型电光源,如汞弧灯、卤钨灯等均辐射出丰富的紫外光,但是一般的玻璃能强烈吸收 2 000~3 000 A 范围内的紫外光,因而紫外光敏管对有玻璃外壳的一般照明灯光是不敏感的。已被广泛用于探测火灾引起的波长在 $0.2~0.3~\mu m$ 以下的紫外辐射和作为大型锅炉火焰状态的监视元件。目前消防工程中所应用的紫外感光火灾探测器都是由紫外光敏管与驱动电路组合而成的。

紫外感光探测器电气原理图如图 9.19 所示。

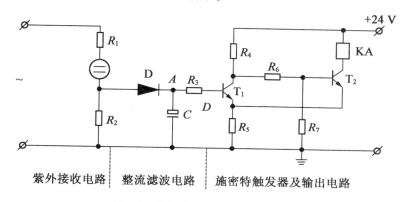

图 9.19　紫外感光探测器电气原理图

9.3.7　火灾探测器的选择与布置

1. 火灾探测器的选择

(1)根据环境条件、安装场所选择探测器。

1)点型探测器的选择:点型探测器适用的场所见表 9.3。

表 9.3　点型探测器适用场所

序号	探测器类型		宜选用场所	不宜选用场所
1	点型感烟探测器	离子感烟探测器	①饭店、旅馆、教学楼、办公楼的厅堂、卧室、办公室等 ②电子计算机房、通信机房、电影或电视放映室等 ③楼梯、走道、电梯机房等 ④书库、档案库等 ⑤有电气火灾危险的场所	①相对湿度长期大于95% ②气流速度大于 5 m/s ③有大量粉尘,水雾滞留 ④可能产生腐蚀性气体 ⑤在正常情况下有烟滞留 ⑥产生醇类、醚类、酮类等有机物质
		光电感烟探测器		①可能产生黑烟 ②有大量积聚的粉尘,水雾滞留 ③可能产生的蒸汽和油雾 ④在正常情况下有烟滞留

续表9.3

序号	探测器类型	宜选用场所	不宜选用场所
2	感温探测器	①相对湿度经常高于95% ②可能发生无烟火灾 ③有大量粉尘 ④在正常情况下有烟和蒸汽滞留 ⑤厨房、锅炉房、发电机房、茶炉房、烘干车间等 ⑥汽车库等 ⑦吸烟室等 ⑧其他不宜安装感烟探测器的厅堂和公共场所	可能产生阴燃火或者如发生火灾不及早报警将造成重大损失的场所,不宜选用感温探测器;温度在0℃以下的场所,不宜选用定温探测器;正常情况下温度变化较大的场所,不宜选用差温探测器
3	火焰探测器	①火灾时有强烈的火焰辐射 ②液体燃烧火灾等无阴燃阶段的火灾 ③需要对火焰作出快速反应	①可能发生无焰火灾 ②在火焰出现前有浓烟扩散 ③探测器的镜头易被污染 ④探测器的"视线"易被遮挡 ⑤探测器易受阳光或其他光源直接或间接照射 ⑥在正常情况下有明火作业以及X射线、弧光等影响
4	可燃气体探测器	①使用管道煤气或天然气的场所 ②煤气站和煤气表房以及储存液化石油气罐的场所 ③其他散发可燃气体和可燃蒸汽的场所 ④有可能产生一氧化碳气体的场所,宜选择一氧化碳气体探测器	①有硅黏结剂、发胶、硅橡胶的场所 ②有腐蚀性气体(H_2S、SO_x、Cl_2、HCl等) ③室外

2)线型探测器的选择:线型探测器适用的场所见表9.4。

表9.4　线型探测器适用场所

序号	探测器类型	宜选用场所
1	缆式线型定温探测器	①计算机室,控制室的吊顶内、地板下及重要设施隐蔽处等 ②开关设备、发电厂、变电站及配电装置等 ③各种皮带运输装置 ④电缆夹层、电缆竖井、电缆隧道等 ⑤其他环境恶劣不适合点型探测器安装的危险场所
2	空气管线型差温探测器	①不宜安装点型探测器的夹层、吊顶 ②公路隧道工程 ③古建筑 ④可能产生油类火灾且环境恶劣的场所 ⑤大型室内停车场

续表 9.4

序号	探测器类型	宜选用场所
3	红外光束感烟探测器	①隧道工程 ②古建筑、文物保护的厅堂馆所等 ③档案馆、博物馆、飞机库、无遮挡大空间的库房等 ④发电厂、变电站等
4	可燃气体探测器	①煤气表房、燃气站及大量存储液化石油气罐的场所 ②使用管道煤气或燃气的房屋 ③其他散发或积聚可燃气体和可燃液体蒸汽的场所 ④有可能产生大量一氧化碳气体的场所,宜选用一氧化碳气体探测器

（2）根据房间高度选择探测器。

由于各种探测器的特点各异,其适于的房间高度也不一致,为了使选择的探测器能更有效地达到保护的目的,表9.5列举了几种常用的探测器对房间高度的要求,供学习及设计参考。

如果高出顶棚的面积小于整个顶棚面积的10%,只要这一顶棚部分的面积不大于1只探测器的保护面积,则该较高的顶棚部分同整个顶棚面积一样看待;否则,较高的顶棚部分应如同分隔开的房间处理。

在按房间高度选用探测器时,应注意这仅仅是按房间高度对探测器选用的大致划分,具体选用时还需结合火灾的危险度和探测器本身的灵敏度档次来进行。如判断不准时,需做模拟试验后确定。

表9.5　根据房间高度选择探测器

房间高度 h/m	感烟探测器	感温探测器			火焰探测器
		一级	二级	三级	四级
$12 < h \le 20$	不适合	不适合	不适合	不适合	适合
$8 < h \le 12$	适合	不适合	不适合	不适合	适合
$6 < h \le 8$	适合	适合	不适合	不适合	适合
$4 < h \le 6$	适合	适合	适合	不适合	适合
$h \le 4$	适合	适合	适合	适合	适合

2. 火灾探测器数量的确定

在实际工程中,房间大小及探测区大小不一,房间高度、棚顶坡度也各异,那么怎样确定探测器的数量呢。国家规范规定:探测区域内每个房间应至少设置一只火灾探测器。一个探测区域内所设置探测器的数量应按下式计算:

$$N \ge \frac{S}{K \cdot A} \qquad （公式9.2）$$

式中　N——一个探测区域内所设置的探测器的数量,单位用"只"表示,N 应取整数。

　　　　S——一个探测区域的地面面积（m^2）。

　　　　A——探测器的保护面积（m^2）,指一只探测器能有效探测的地面面积。由于建筑物房间的地面通常为矩形,因此,所谓"有效"探测的地面面积实际上是指探测器能探测到的矩形地面面积。探测器的保护半径 $R(\mathrm{m})$ 是指一只探测器能有效探测的单向最大水平距离。

　　K——称为安全修正系数。特级保护对象 K 取 $0.7 \sim 0.8$,一级保护对象 K 取 $0.8 \sim 0.9$,二级保护对象 K 取 $0.9 \sim 1.0$。选取时根据设计者的实际经验,并考虑火灾可能对人身和财产的损失程度、火灾危险性的大小、疏散及扑救火灾的难易程度及对社会的影响大小等多种因素。

　　对于一个探测器而言,其保护面积和保护半径的大小与其探测器的类型、探测区域的面积、房间高度及屋顶坡度都有一定的联系。表 9.6 以两种常用的探测器反映了保护面积、保护半径与其他参量的相互关系。

表 9.6　感烟、感温探测器的保护面积和保护半径

火灾探测器种类	地面面积 S/m^2	房间高度 h/m	探测器的保护面积 A 和保护半径 R					
			房顶坡度 θ					
			$\theta \leqslant 15°$		$15° < \theta \leqslant 30°$		$\theta > 30°$	
			A/m^2	R/m	A/m^2	R/m	A/m^2	R/m
	$S \leqslant 80$	$h \leqslant 12$	80	6.7	80	7.2	80	8.0
	$S > 80$	$6 < h \leqslant 12$	80	6.7	100	8.0	120	9.9
		$h \leqslant 6$	60	5.8	80	7.2	100	9.0
	$S \leqslant 30$	$h \leqslant 6$	30	4.4	30	4.9	30	5.5
	$S > 30$	$h \leqslant 6$	20	3.6	30	4.9	40	6.3

　　另外,确定探测器的数量还要考虑通风换气对感烟探测器的保护面积的影响,在通风换气房间,烟的自然蔓延方式受到破坏。换气越频,燃烧产物(烟气体)的浓度越低,部分烟被空气带走,导致探测器接受的烟减少,或者说探测器感烟灵敏度相对降低。常用的补偿方法有两种:一是压缩每只探测器的保护面积;二是增大探测器的灵敏度,但要注意防误报。

　　3. 火灾探测器的布置

　　(1)探测器的安装间距。

　　探测器周围 0.5 m 之内,不应有遮挡物(以确保探测安全)探测器至墙(梁边)的水平距离,不应小于 0.5 m,如图 9.20 所示。

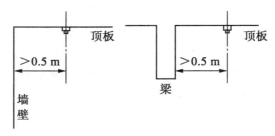

图 9.20　探测器在顶棚上安装时与墙或梁的距离

　　探测器在房间中布置时,如果是多只探测器,那么两探测器的水平距离及垂直距离称为安装间距,分别用 a 和 b 表示。

安装间距 a、b 的确定方法如下。

1）计算法。根据从表9.6 中查得的保护面积 A 和保护半径 R，计算 D 值（$D=2R$）；根据所算 D 值的大小及对应的保护面积 A 在图9.21 曲线中的粗实线上（即由 D 值所包围部分）取一点，此点所对应的数即为安装间距 a、b 值。注意实际布置距离应不大于查得的 a、b 值。具体布置后，应检验探测器到最远点的水平距离是否超过了探测器的保护半径，如超过则应重新布置或增加探测器的数量。

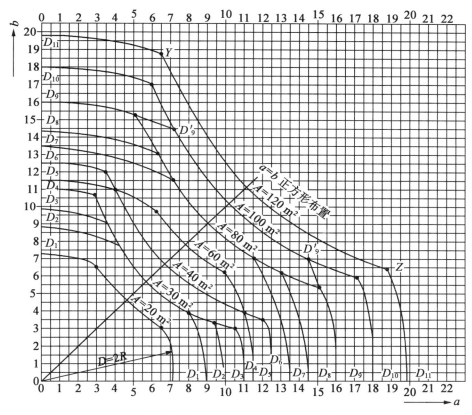

图9.21 探测器安装间距的极限曲线

图9.21 曲线中的安装间距是以二维坐标的极限曲线的形式给出的。即：给出感温探测器的三种保护面积（20 m²、30 m² 和40 m²）及其五种保护半径（3.6 m、4.4 m、4.9 m、5.5 m 和6.3 m）所适宜的安装间距的极限曲线 $D_1 \sim D_5$；给出感烟探测器的四种保护面积（60 m²、80 m²、100 m² 和120 m²）及其六种保护半径（5.8 m、6.7 m、7.2 m、8.0 m、9.0 m 和9.9 m）所适宜的安装间距的极限曲线 $D_6 \sim D_{11}$（含 D_9）。

2）经验法。因为对于一般点型探测器的布置为均匀布置法，因此，可以根据工程实际经验总结探测器安装距离的计算方法。具体公式如下：

$$横向间距\ a = \frac{该房间（探测区域）的长度}{横向安装间距个数+1} = \frac{该房间的长度}{横向探测器个数} \qquad （公式9.3）$$

$$纵向间距\ b = \frac{该房间（探测区域）的长度}{纵向安装间距个数+1} = \frac{该房间的宽度}{纵向探测器个数} \qquad （公式9.4）$$

（2）梁对探测器布置的影响。

在顶棚有梁时,由于烟的蔓延受到梁的阻碍,探测器的保护面积会受梁的影响。如果梁间区域的面积较小,梁对热气流(或烟气流)形成障碍,并吸收一部分热量,因而探测器的保护面积必然下降。梁对探测器的影响如图9.22及表9.7所示。查表9.7可以决定一只探测器能够保护的梁间区域的个数,这样就减少了计算工作。按图9.22的规定,房间高度在5 m以下,感烟探测器在梁高小于200 mm时无须考虑梁的影响;房间高度在5 m以上,梁高大于200 mm时,探测器的保护面积受房高的影响,可按房间高度与梁高之间的线性关系考虑。

由图6.22可查得,三级感温探测器房间高度的极限值为4 m,梁高限度为200 mm;二级感温探测器房间高度的极限值为6 m,梁高限度为225 mm;一级感温探测器房间高度的极限值为8 m,梁高限度为275 mm;感烟探测器房间高度的极限值为12 m,梁高限度为375 mm。在线性曲线的左边部分均无须考虑梁的影响。

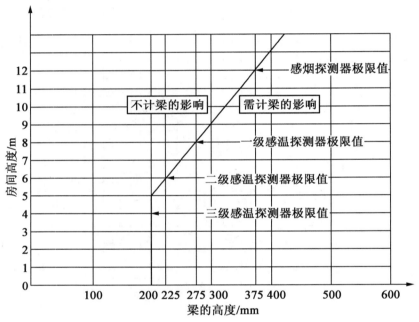

图9.22　不同高度的房间梁对探测器设置的影响

表9.7　按梁间区域确定一只探测器能够保护的梁间区域的个数

探测器的保护面积 A/m^2		梁隔断的梁间区域面积 Q/m^2	一只探测器保护的梁间区域的个数
感温探测器	20	$Q > 12$	1
		$8 < Q \leqslant 12$	2
		$6 < Q \leqslant 8$	3
		$4 < Q \leqslant 6$	4
		$Q \leqslant 4$	5

可见当梁突出顶棚的高度在200～600 mm时,应按图9.22和表9.7确定梁的影响和一只探测器能够保护的梁间区域的数目;当梁突出顶棚的高度超过600 mm时,被梁阻断的部分需单独划为一个探测区域,即每个梁间区域应至少设置一只探测器。

当被梁阻断的区域面积超过一只探测器的保护面积时,则应将被阻断的区域视为一个探测区域,并应按规范的有关规定计算探测器的设置数量。探测区域的划分如图9.23所示。

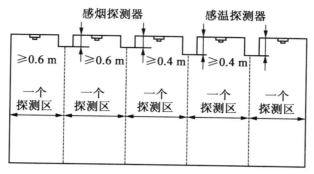

图9.23　探测区域的划分

当梁间净距小于1 m时,可视为平顶棚。

如果探测区域内有过梁,定温型感温探测器安装在梁上时,其探测器下端到安装面必须在0.3 m以内;感烟型探测器安装在梁上时,其探测器下端到安装面必须在0.6 m以内,如图9.24所示。

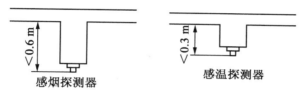

图9.24　在梁下端安装时探测器至顶棚的尺寸

10 消防联动控制系统

10.1 消防联动控制室

10.1.1 消防控制室设备

  消防控制室是火灾自动报警系统的控制信息中心,同时也是火灾时灭火指挥和信息中心,具有十分重要的地位和作用。国家标准《高层民用建筑设计防火规范》(2005 版)(GB 50045—1995)和《建筑设计防火规范》(GB 50016—2006)等规范对消防控制室的设置范围、位置、建筑耐火性能都做了明确规定,并对其主要功能提出原则性要求。而在国家标准《火灾自动报警系统设计规范》(GB 50116—1998)中,则进一步对消防控制室具体要求做了规定。

  消防控制室的设置应符合现行的国家有关建筑设计防火规范的规定。为了防止烟火危及消防控制室工作人员的安全,控制室的门应设置为向疏散方向开启;为了便于消防人员扑救时联系工作,控制室应在入口处设置明显的标志。消防控制室内应有显示被保护建筑的重点部位、疏散通道及消防设备所在位置的平面图或模拟图等。为了保证消防控制室的安全,控制室的送、回风管在其穿墙处应设防火阀。为了保证消防控制设备安全运行,便于检查维修,控制室内禁止与其无关的电气线路及管路穿过。

10.1.2 控制室设备的组成

  消防控制室(也称消防集中控制中心),把整个建筑物的各种消防设施,包括火灾报警控制器及其他联动控制设备(或信号)都集中到消防控制室,以便于实现统一管理和指挥火灾扑救。控制室的报警控制设备由火灾报警控制盘、CRT 监视器(彩色图形显示屏)、打印机、火灾自动监视台、紧急广播设备、消防直通电话、内外线电话、电梯运行监视控制盘、UPS 不间断电源及备用电流等组成。消防控制室系统功能示意图,如图 10.1 所示。

  根据需要,消防控制设备可由下列部分或全部控制装备组成:

(1)集中报警控制器。

(2)室内消火栓系统的控制装置。

(3)自动灭火系统的控制装置。

(4)泡沫、干粉灭火系统的控制装置。

(5)卤代烷(已被对环境无害产品代替)、二氧化碳等管网灭火系统控制装置。

(6)电动防火门、防火卷帘的控制装置。

(7)通风空调、防烟排烟设备及电动防火阀的控制装置。

(8)电梯控制装置。

(9)火灾事故广播报警设备控制装置。

(10)消防通信设备等。

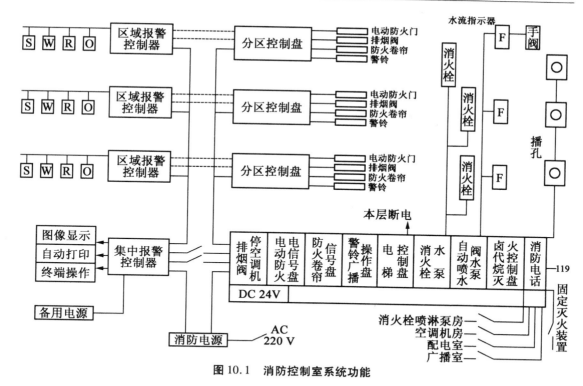

图10.1 消防控制室系统功能

10.1.3 消防控制室设备要求

消防控制室内设备的布置应符合下列要求:

(1)设备面盘前的操作距离:单列布置时不应小于1.5 m;双列布置时不应小于2 m。

(2)在值班人员经常工作的一面,设备面盘至墙的距离不应小于3 m。

(3)设备面盘后的维修距离不应小于1 m。

(4)设备面盘的排列长度大于4 m时,其两端应设置宽度至少1 m的通道。

(5)集中火灾报警控制器(火灾报警控制器)安装在墙上时,其底边距地高度宜为1.3 ~ 1.5 m,其靠近门轴的侧面与墙的距离不应小于0.5 m,正面操作距离不应小于1.2 m。

10.1.4 消防控制室设备的主要功能

消防控制设备必须显示或控制的功能主要包括以下内容:

(1)各种联动灭火设备的起动表示。

(2)报警设备动作表示:

1)感温、感烟报警器及手动报警显示器显示。

2)湿式报警阀动作显示。

3)水流指示器动作显示。

4)喷洒管网上水流指示器旁的检修阀位置显示。

5)消防紧急广播设备的操作及动作显示。

6)消防水池最低水位声、光报警。

(3)消防活动上必须联动的消防设备的动作表示:

1)消防栓泵及喷洒泵自动/手动启停控制及工作和事故状态的显示。

2）排烟风机、正压送风机自动/手动启停控制和事故状态的显示。

3）对防火阀、排烟阀进行控制,并返回信号。

4）加压送风风道上常闭风阀动作及状态显示。

5）消防无关的空调机、新风机及排风机的停止操作及状态显示。

6）各电梯运行状态,消防电梯的控制及状态显示。

7）消防电源开启状态显示。

10.2　消防联动控制系统

10.2.1　消防联动控制要求

（1）消防联动控制设备的控制信号与火灾探测器的报警信号在同一总线回路上传输,二者合用时应符合消防控制信号线路的敷设要求,如图 10.2 所示。

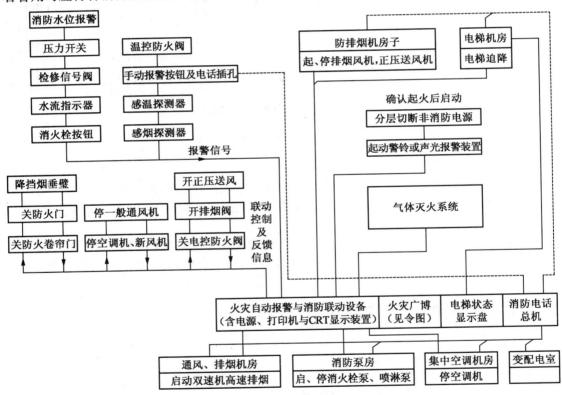

图 10.2　火灾报警与消防联动控制关系方框图

（2）消防水泵、防烟和排烟风机等都属于重要的消防设施,其可靠与否直接影响到消防灭火的成败。这些设备中除接收火灾探测器发送来的报警信号可自动启动工作外,还应能独立控制其启停,即便是火灾报警系统失灵也不应影响其启停。所以,当消防控制设备采用总线编码模块控制时,还应在消防控制室设置手动直接控制装置,以确保系统设备的可靠性。

（3）设置在消防控制室以外的消防联动控制设备的动作信号均应能在消防控制室内显示。

10.2.2 室内消火栓联动控制系统

消火栓是建筑物内最为基本的消防设施,消火栓灭火是最常用的移动式灭火方式。室内消火栓系统的控制原理图,如图10.3所示。消火栓设备的联动控制包括:

1. 蓄水池的水位控制

水位控制应能显示出水位的变化情况与高、低水位报警。

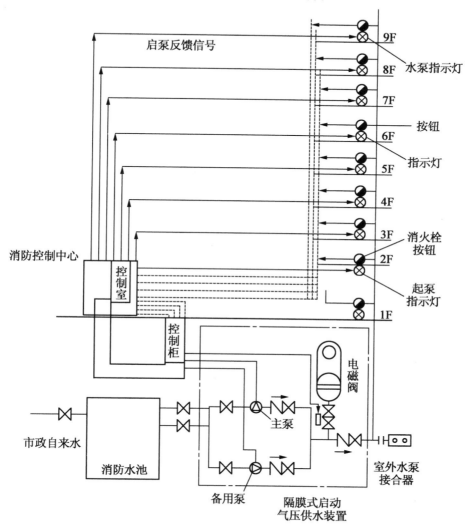

图10.3 室内消火栓控制系统原理图

2. 消防用水和加压水泵的起停

消火栓系统中当采用消防水泵加压时,经常采用在每个消火栓内设置消火栓按钮的系统方式,控制消防水泵的起停。消防水泵还可以通过利用水流报警起动器控制,或通过消防中心发出主令信号控制。使用气压给水装置时,水泵功率较小,可采用电接点压力表,通过测量供水压力来控制水泵的起动。

室内消火栓系统联动控制系统的设计应符合下列几点要求:

(1)消火栓按钮起动消防水泵。

（2）消防水泵起动后,消火栓按钮上指示灯点亮。

（3）消防控制室显示消火栓按钮位置。

（4）消防控制室显示消防水泵运行状态、故障状态。

（5）在消防控制室可手动控制消防水泵起动、停止。

10.2.3　自动喷水灭火联动控制系统

　　自动喷水灭火系统是目前应用最广泛的室内固定灭火设备,其联动控制系统原理,如图10.4 所示。按照《自动喷水灭火系统设计规范》(附条文说明)GB 50084—2001 的要求,自动喷水灭火联动控制系统应有下列控制及显示功能:

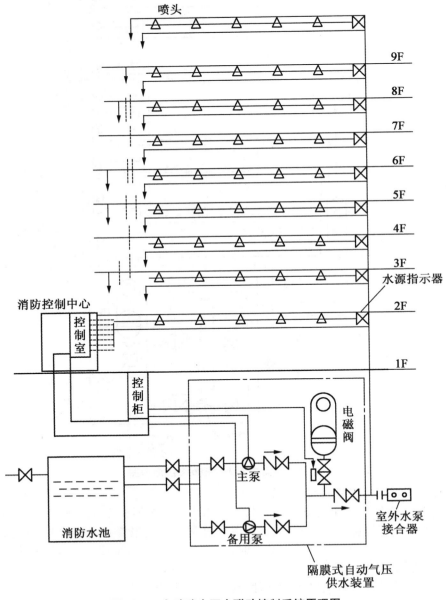

图 10.4　自动喷水灭火联动控制系统原理图

（1）控制系统的起、停。

（2）显示报警阀、闸阀及水流指示器工作状态。

（3）显示消防水泵的工作、故障状态。

（4）预作用自动喷水灭火系统的最低气压。

（5）干式喷水灭火系统的最高和最低气温。

湿式自动喷水灭火系统集报警（定温喷头感温元件动作）及灭火为一体，在火灾发生时不需要另外的火灾报警系统驱动。

10.2.4 气体灭火联动控制系统

气体灭火系统主要由灭火剂瓶组、喷头、管路以及起动、控制装置所组成。气体灭火系统起动方式有自动起动、紧急起动及人工手动起动，自动起动信号要求来自不同火灾探测器的组合（防止误动作）。若自动起动不能正常工作时，可采用紧急起动方式；若紧急起动不能正常工作时，可采用人工手动起动方式。典型气体灭火联动控制系统工作流程，如图10.5所示。

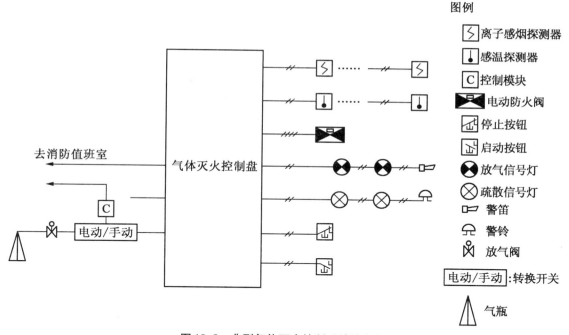

图10.5 典型气体灭火控制系统流程图

参考文献

[1] 中华人民共和国住房和城乡建设部. 建筑设计防火规范(GB 50016—2006)[S]. 北京：中国标准出版社,2012.

[2] 中华人民共和国建设部. 自动喷水灭火系统设计规范(2005年版)(GB 50084—2001)[S]. 北京：中国计划出版社,2005.

[3] 石敬炜. 消防工程施工细节详解[M]. 北京：机械工业出版社,2009.

[4] 郭树林,孙英男. 建筑消防工程设计手册[M]. 北京：中国建筑工业出版社,2012.

[5] 石敬炜. 施工现场消防安全300问[M]. 北京：中国电力出版社,2013.